Web前端开发精品课
JavaScript
基础教程

莫振杰 著

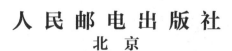

人民邮电出版社

北京

图书在版编目（CIP）数据

Web前端开发精品课. JavaScript基础教程 / 莫振杰著. -- 北京：人民邮电出版社，2017.9（2023.7重印）
ISBN 978-7-115-46469-9

Ⅰ. ①W… Ⅱ. ①莫… Ⅲ. ①超文本标记语言－程序设计－教材②JAVA语言－程序设计－教材 Ⅳ. ①TP312

中国版本图书馆CIP数据核字(2017)第182006号

内 容 提 要

本书内容结合作者在前后端大量开发中的实战经验，系统化知识，浓缩精华，用通俗易懂的语言直击学习者的痛点。

全书分为两大部分：第一部分是JavaScript"基本语法"，主要介绍流程控制、函数、字符串、数组等基本语法；第二部分是JavaScript"核心技术"，主要介绍DOM操作、事件操作、window对象、document对象等核心技术。

此外，本书将每一个知识点融入实际开发案例，更加注重编程思维的培养，并且为学习者提供一个流畅的学习思路。

◆ 著　　莫振杰
　　责任编辑　赵　轩
　　责任印制　焦志炜
◆ 人民邮电出版社出版发行　北京市丰台区成寿寺路11号
　　邮编　100164　电子邮件　315@ptpress.com.cn
　　网址　http://www.ptpress.com.cn
　　北京虎彩文化传播有限公司印刷
◆ 开本：720×960　1/16
　　印张：19　　　　　　　　　　　2017年9月第1版
　　字数：415千字　　　　　　　　2023年7月北京第17次印刷

定价：49.00元

读者服务热线：(010)81055410　印装质量热线：(010)81055316
反盗版热线：(010)81055315
广告经营许可证：京东市监广登字20170147号

前言
PREFACE

近年来，Web前端技术飞速发展且日趋重要。在Web前端技术中，JavaScript是最基础也是最难的一门技术。

JavaScript是一门比较难的语言，没有几年时间很难精通。如果说有一本书让你能够从入门到精通，那么可以肯定，这个作者没从事过真正的前端开发。对于初学的小伙伴来说，JavaScript最难的地方不在于其他，而是在于完全不知道怎么入门！曾经作为初学者的我，也跟大家一样，简单来说就是为了学习JavaScript，跑了很多弯路，有时候都不知道该学什么。例如学到一定程度了，都不知道自己的瓶颈在哪里，怎么提升自己的水平。有时候一个知识点不懂，就去上网找，去图书馆找，学到的知识都是东拼西凑，一点都不系统，这些知识还要自己整理。有鉴于此，我决定根据自己的体会和经验，我读者编写一本关于JavaScript技术及基础教程。

本书是我的心血积累，在编写的时候字斟句酌。从一开始学习HTML的时候，我就在记录自己当初作为初学者时所遇到的一些问题，所以我很了解作为初学者的你的心态，也很清楚应该怎样才能快速而无阻碍地学习。我是站在初学者的角度，而不是站在已经学会的角度来编写这本书的。有一句话说得好，如果你已经站在山顶上了，当初在爬山的时候你若缺少细心体会，这时你早就忘记作为攀岩者艰苦攀登过程中的心情了。

对于本书的每一句话，我都精心编写，并审阅了无数遍，尽量把精华呈现给大家。所以小伙伴们在阅读的时候，不要图快，而要尽量把每一个概念都理解。

有一种学习模式是值得推荐的：学技术，泛读10本书不如精读一本书10遍。这句话适用于学习任何课程。挑一本最精华的书，把这本书当做主体，然后辅以其他书籍来弥补这本书的缺陷。我相信，本书肯定会给初学者有益的帮助。

读者对象
- Web前端开发初学者
- 大中专院校相关专业学生

源码下载
可以到人民邮电出版社异步社区（http://www.epubit.com.cn/）找到本书的源代码配套并下载。

特别致谢
作者在编写的过程中，得到了很多人的帮助。首先感谢陈志东和韦雪芳两个小伙伴花费大量时间对本书进行细致的审阅，给出诸多非常棒的建议，并且为本书绘制了大量精美的插图。

前　言

　　感谢充满创意和活力的五叶草（陈志东、邵婵、程紫梦、韦雪芳）一直以来陪伴和支持。我的人生因为有你们而更为精彩。

　　感谢赵轩老师（本书责任编辑）在这段时间中给予我细心的指导和不懈的支持，有您的帮助本书才得以顺利出版。

　　由于作者水平有限，书中难免有错漏之处，小伙伴们如果遇到问题或有意见和建议，可以与到绿叶学习网（www.lvyestudy.com）或者发邮件（lvyestudy@foxmail.com）与我联系。

编者

目 录
CONTENTS

第一部分 基本语法

第01章 JavaScript简介
- 1.1 JavaScript是什么 ………………… 2
  - 1.1.1 JavaScript简介 ……………… 2
  - 1.1.2 教程介绍 …………………… 3
- 1.2 JavaScript开发工具 ……………… 5
- 1.3 JavaScript引入方式 ……………… 6
  - 1.3.1 外部JavaScript …………… 7
  - 1.3.2 内部JavaScript …………… 8
  - 1.3.3 元素属性JavaScript ……… 9
- 1.4 训练题：一个简单的JavaScript程序 …………………………… 10

第02章 语法基础
- 2.1 语法简介 ………………………… 12
- 2.2 变量与常量 ……………………… 13
  - 2.2.1 变量 …………………………… 14
  - 2.2.2 常量 …………………………… 18
- 2.3 数据类型 ………………………… 18
  - 2.3.1 数字 …………………………… 19
  - 2.3.2 字符串 ………………………… 20
  - 2.3.3 布尔值 ………………………… 22
  - 2.3.4 未定义值 ……………………… 23
  - 2.3.5 空值 …………………………… 24
- 2.4 运算符 …………………………… 24
  - 2.4.1 算术运算符 …………………… 25
  - 2.4.2 赋值运算符 …………………… 29
  - 2.4.3 比较运算符 …………………… 30
  - 2.4.4 逻辑运算符 …………………… 31
  - 2.4.5 条件运算符 …………………… 34
- 2.5 表达式与语句 …………………… 35
- 2.6 类型转换 ………………………… 36
  - 2.6.1 "字符串"转换为"数字" … 36
  - 2.6.2 "数字"转换为"字符串" … 40
- 2.7 转义字符 ………………………… 41
- 2.8 注释 ……………………………… 43
  - 2.8.1 单行注释 ……………………… 44
  - 2.8.2 多行注释 ……………………… 45

第03章 流程控制
- 3.1 流程控制简介 …………………… 46
  - 3.1.1 顺序结构 ……………………… 46
  - 3.1.2 选择结构 ……………………… 47
  - 3.1.3 循环结构 ……………………… 48
- 3.2 选择结构：if …………………… 48
  - 3.2.1 单向选择：if ………………… 48
  - 3.2.2 双向选择：if…else ………… 50
  - 3.2.3 多向选择：if…else if…else … 51
  - 3.2.4 if语句的嵌套 ………………… 52
- 3.3 选择结构：switch ……………… 56
- 3.4 循环结构：while ……………… 59
- 3.5 循环结构：do…while ………… 62
- 3.6 循环结构：for ………………… 63
- 3.7 训练题：判断一个数是整数，还是小数？ ……………………… 66
- 3.8 训练题：找出"水仙花数" …… 67

第04章 初识函数
- 4.1 函数是什么？ …………………… 68
- 4.2 函数的定义 ……………………… 70
  - 4.2.1 没有返回值的函数 …………… 71
  - 4.2.2 有返回值的函数 ……………… 73
  - 4.2.3 全局变量与局部变量 ………… 74
- 4.3 函数的调用 ……………………… 77
  - 4.3.1 直接调用 ……………………… 77
  - 4.3.2 在表达式中调用 ……………… 78
  - 4.3.3 在超链接中调用 ……………… 79
  - 4.3.4 在事件中调用 ………………… 80
- 4.4 嵌套函数 ………………………… 81
- 4.5 内置函数 ………………………… 82
- 4.6 训练题：判断某一年是否为闰年 … 83
- 4.7 训练题：求出任意五个数最大值 … 84

第05章　字符串对象

- 5.1　内置对象简介 …………… 86
- 5.2　获取字符串长度 …………… 87
- 5.3　大小写转换 ………………… 88
- 5.4　获取某一个字符 …………… 89
- 5.5　截取字符串 ………………… 91
- 5.6　替换字符串 ………………… 93
- 5.7　分割字符串 ………………… 95
- 5.8　检索字符串的位置 ………… 99
- 5.9　训练题：删除字符串中的某一个字符 … 100
- 5.10　训练题：找出字符串中的某一个字符串 ………………… 101
- 5.11　训练题：统计字符串中数字的个数 … 102

第06章　数组对象

- 6.1　数组是什么? ……………… 104
- 6.2　数组的创建 ………………… 105
- 6.3　数组的获取 ………………… 105
- 6.4　数组的赋值 ………………… 106
- 6.5　获取数组长度 ……………… 108
- 6.6　截取数组某部分 …………… 111
- 6.7　为数组添加元素 …………… 112
  - 6.7.1　在数组开头添加元素：unshift() ………………… 112
  - 6.7.2　在数组结尾添加元素：push() … 114
- 6.8　删除数组元素 ……………… 116
  - 6.8.1　删除数组中第一个元素：shift() … 116
  - 6.8.2　删除数组最后一个元素：pop() … 117
- 6.9　数组大小比较 ……………… 119
- 6.10　数组颠倒顺序 …………… 120
- 6.11　将数组元素连接成字符串 … 121
- 6.12　训练题：数组与字符串的转换操作 … 123
- 6.13　训练题：将字符串所有字符颠倒顺序 ………………… 124
- 6.14　题目：计算面积与体积，返回一个数组 ………………… 125

第07章　时间对象

- 7.1　日期对象简介 ……………… 127
- 7.2　操作年、月、日 …………… 129
  - 7.2.1　获取年、月、日 …… 129
  - 7.2.2　设置年、月、日 …… 130
- 7.3　操作时、分、秒 …………… 132
  - 7.3.1　获取时、分、秒 …… 132
  - 7.3.2　设置时、分、秒 …… 133
- 7.4　获取星期几 ………………… 135
- 7.5　训练题：在页面显示时间 … 136

第08章　数学对象

- 8.1　数学对象简介 ……………… 138
- 8.2　Math对象的属性 …………… 138
- 8.3　Math对象的方法 …………… 140
- 8.4　最大值与最小值：max()、min() … 141
- 8.5　取整运算 …………………… 142
  - 8.5.1　向下取整：floor() … 142
  - 8.5.2　向上取整：ceil() …… 143
- 8.6　三角函数 …………………… 144
- 8.7　生成随机数 ………………… 145
  - 8.7.1　随机生成某个范围内的"任意数" ………………… 146
  - 8.7.2　随机数生成某个范围内的"整数" ………………… 146
- 8.8　训练题：生成随机验证码 … 147
- 8.9　生成随机颜色值 …………… 148

第二部分　核心技术

第09章　DOM基础

- 9.1　核心技术简介 ……………… 150
  - 9.2.1　DOM对象 …………… 151
  - 9.2.2　DOM结构 …………… 151
- 9.2　DOM是什么? ……………… 151
- 9.3　节点类型 …………………… 152
- 9.4　获取元素 …………………… 153
  - 9.4.1　getElementById() …… 153
  - 9.4.2　getElementsByTagName … 155
  - 9.4.3　getElementsByClassName() ………………… 160
  - 9.4.4　querySelector()和querySelectorAll() ………… 161
  - 9.4.5　getElementsByName() … 163
  - 9.4.6　document.title和document.body ………… 165
- 9.5　创建元素 …………………… 166
- 9.6　插入元素 …………………… 171
  - 9.6.1　appendChild() ……… 171
  - 9.6.2　insertBefore() ……… 173
- 9.7　删除元素 …………………… 174
- 9.8　复制元素 …………………… 176
- 9.9　替换元素 …………………… 178

第10章 DOM进阶
10.1 HTML属性操作（对象属性） 180
10.1.1 获取HTML属性值 180
10.1.2 设置HTML属性值 186
10.2 HTML属性操作（对象方法） 188
10.2.1 getAttribute() 189
10.2.2 setAttribute() 191
10.2.3 removeAttribute() 192
10.2.4 hasAttribute() 194
10.3 CSS属性操作 195
10.3.1 获取CSS属性值 196
10.3.2 设置CSS属性值 197
10.3.3 最后一个问题 203
10.4 DOM遍历 206
10.4.1 查找父元素 207
10.4.2 查找子元素 208
10.4.3 查找兄弟元素 212
10.5 innerHTML和innerText 214

第11章 事件基础
11.1 事件是什么？ 217
11.2 事件调用方式 218
11.2.1 在script标签中调用 218
11.2.2 在元素中调用事件 219
11.3 鼠标事件 221
11.3.1 鼠标单击 221
11.3.2 鼠标移入和鼠标移出 223
11.3.3 鼠标按下和鼠标松开 225
11.4 键盘事件 226
11.5 表单事件 228
11.5.1 onfocus和onblur 228
11.5.2 onselect 230
11.5.3 onchange 232
11.6 编辑事件 235
11.6.1 oncopy 235
11.6.2 onselectstart 236
11.6.3 oncontextmenu 237
11.7 页面事件 238
11.7.1 onload 239
11.7.2 onbeforeunload 241

第12章 事件进阶
12.1 事件监听器 243
12.1.1 事件处理器 243
12.1.2 事件监听器 245
12.2 event对象 252
12.2.1 type 252
12.2.2 keyCode 253
12.3 this 256

第13章 window对象
13.1 window对象简介 260
13.2 窗口操作 262
13.2.1 打开窗口 262
13.2.2 关闭窗口 267
13.3 对话框 268
13.3.1 alert() 269
13.3.2 confirm() 269
13.3.3 prompt() 271
13.4 定时器 272
13.4.1 setTimeout()和clearTimeout() 273
13.4.2 setInterval()和clearInterval() 277
13.5 location对象 281
13.5.1 window.location.href 281
13.5.2 window.location.search 283
13.5.3 window.location.hash 283
13.6 navigator对象 284

第14章 document对象
14.1 document对象简介 287
14.2 document对象属性 288
14.2.1 document.URL 288
14.2.2 document.referrer 289
14.3 document对象方法 289
14.3.1 document.write() 290
14.3.2 document.writeln() 291

第一部分
基本语法

第01章

JavaScript简介

1.1 JavaScript是什么

1.1.1 JavaScript简介

JavaScript 就是我们通常所说的"JS"。这是一种嵌入到 HTML 页面中的编程语言，由浏览器一边解释一边执行。

我们都知道，前端最核心的三种技术是 HTML、CSS 和 JavaScript，如图 1-1 所示。有些初学的小伙伴就会问了，这三者之间有什么区别呢？

"**HTML 控制网页的结构，CSS 控制网页的外观，而 JavaScript 控制网页的行为。**"

我晕，这不是等于没说吗？好吧，给大家打个比方。我们可以把"前端开发"看成"建房子"，做一个网页就像盖一栋房子。建房子的时候，都是先把结构建好（HTML）。建好之后，再给房子装修（CSS），例如往窗户装上窗帘、往地面铺上瓷砖等。最后装修好了呢，当夜幕降临的时候，我们要开灯（JavaScript）才能把屋子照亮。现在小伙伴们懂了吧？

图1-1

我们再回到实际例子中去，看一下绿叶学习网（www.lvyestudy.com）的导航条。

其中"前端入门"这一栏目具有以下基本特点。
- 字体类型是"微软雅黑"。
- 字体大小是"14px"。
- 背景颜色是"淡蓝色"。
- 鼠标移到上面,背景色变成蓝色。

我们可能会疑惑,这些效果是怎么做出来的呢?其实思路跟上面的"建房子"是一样的。我们先用 HTML 来搭建网页的结构。默认情况下,字体类型、字体大小、背景颜色,如图 1-2 所示。

然后,我们使用 CSS 来修饰一下,改变字体类型、字体大小、背景颜色,如图 1-3 所示。

最后,我们再使用 JavaScript 为鼠标定义一个行为。当鼠标移到上面时,背景颜色会变成蓝色,如图 1-4 所示。

图1-2　　　　　　　　图1-3　　　　　　　　图1-4

到这里,大家应该知道一个缤纷绚丽的网页是怎么做出来的了吧?了解这个过程,对于你准确理解 HTML、CSS 和 JavaScript 这 3 者之间的关系是相当重要的。

只使用了 HTML 和 CSS 的页面一般只供用户浏览,而 JavaScript 的出现,使得用户可以与页面进行交互(如定义各种鼠标效果),实现更多的功能。拿我们绿叶学习网来说,二级导航、图片轮播、返回顶部等功能都用到了 JavaScript,如图 1-5 所示。因为 HTML 和 CSS 只是描述性的语言,仅仅使用这两个工具是没办法做出那些特效的,而必须使用编程的方式来实现,也就是 JavaScript。

图1-5

1.1.2　教程介绍

在学习 JavaScript 之前,你必须要有一定的 HTML 和 CSS 基础知识。本书是

"Web 前端开发精品课"系列中的一本，要学习 HTML 和 CSS，你可以关注本书的姊妹篇：《Web 前端开发精品课——HTML 与 CSS 基础教程》和《Web 前端开发精品课——HTML 与 CSS 进阶教程》。

很多小伙伴抱怨 JavaScript 比较难，不像学 HTML 和 CSS 那么顺畅。实际上，对于没有任何编程基础的小伙伴，都是一样的。曾经我也做过"小白"，所以还是非常清楚小伙伴们的感受。为了更好地帮助大家打好基础，对于很多知识点，我都尽量通俗易懂地详细讲解。不过还是那句话："没用的知识绝对不会啰嗦，但是重要的知识会一再提醒。"本书不会上来就一大堆废话，这里的每一句话都值得你去精读。步子迈得太大，总是容易扯着。所以，小伙伴们还是踏踏实实地学习吧。

疑问：

1. **JavaScript 与 Java 有什么关系吗？**

很多人看到 JavaScript 和 Java，自然而然就会问这两个究竟有什么关系。其实，它们也是有一些关系的，不能说完全没有关系。

JavaScript 的设计最初的确是受 Java 的启发，而且设计的目的之一就是"看上去像 Java"，因此语法上有不少类似之处。JavaScript 中的很多名称和命名规则也效仿 Java。但是实际上，JavaScript 主要设计原则源自 Self 和 Scheme。

JavaScript 和 Java 虽然名字相似，但是本质上是不同的。

- JavaScript 往往都是在网页中使用，而 Java 却可以在软件、网页、手机 APP 等各个领域中使用。
- 从本质上讲，Java 是一门面向对象的语言，而 JavaScript 更像是一门函数式编程语言。

2. **我的页面加入了 JavaScript 特效，那这个页面是静态页面，还是动态页面呢？**

不是"会动"的页面就叫动态页面，静态页面和动态页面的区别在于：**是否与服务器进行数据交互**。或者简单来说，是否用到了后端技术（如 PHP、JSP、ASP.NET）。下面列出的四种情况都不一定是动态页面。

- 带有音频和视频
- 带有 Flash 动画
- 带有 CSS 动画
- 带有 JavaScript 动画

特别提醒大家一下，即使你的页面用了 JavaScript，也不一定是动态页面，除非你还用到了后端技术。

3. **对于学习 JavaScript，有什么好的建议呢？**

JavaScript 是当下最流行也是最复杂的一门编程语言，对于 JavaScript 的学习，给初学者两个建议。

- 学完 JavaScript 基础知识（也就是本书内容），不要急于去学习 JavaScript 高级知识，而是应该去学 jQuery。通过学习 jQuery，我们会对 JavaScript 的入门知识有更深一层的理解。等学完了 jQuery 再去学习 JavaScript 的高级内容。

- 很多人学习 JavaScript 的时候，喜欢在第一遍学习中就对每一个细节都搞清楚，事实上这是效率最低的学习方法。在第一遍学习中，如果有些东西我们实在没办法理解，那就直接跳过，等到学到后面或者看第二遍的时候，自然而然就懂了。

1.2 JavaScript开发工具

常用的 JavaScript 开发工具很多，比较好用的有 Hbuilder、Dreamweaver、Sublime Text、Vscode、Atom 等。如果你已经有一定的开发经验，推荐使用 Vscode，这一款编辑器非常棒。但是对于初学者来说，Hbuilder 更简洁，也更加容易上手。这里，我们给大家介绍一下怎么在 Hbuilder 中编写 JavaScript。

① 新建 Web 项目：在 Hbuilder 的左上方，依次点击"文件"→"新建"→"Web 项目"，如图 1-6 所示。

图1-6

② 选择文件路径以及命名文件夹：在对话框中，给文件夹起一个名字，并且选择文件夹路径（也就是存放文件的位置），然后点击"完成"按钮，如图 1-7 所示。

③ 新建 JavaScript 文件：在 Hbuilder 左侧项目管理器中，选中 test 文件夹，然后点击鼠标右键，依次选择"新建"→"JavaScript 文件"，如图 1-8 所示。

④ 选择 JavaScript 文件路径以及命名 JavaScript 文件：在对话框中选择 JavaScript 文件夹路径（也就是存放 JavaScript 文件的位置），并且给 JavaScript 文件起一个名字，然后点击"完成"按钮，如图 1-9 所示。

这样，我们就建好了一个 JavaScript 文件，至于怎么在 HTML 中使用 JavaScript，我们在下一节再给小伙伴们详细介绍。

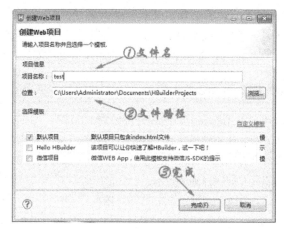

图1-7

图1-8

图1-9

1.3　JavaScript引入方式

在学习 JavaScript 语法之前，我们首先要知道在哪里写 JavaScript 才行。这一节不涉及太多编程方面的知识，而是先给大家介绍一下 JavaScript 的引入方式。这样大家至少都知道在哪里编程。在后面章节里，我们再给大家详细介绍编程方面的语法。

想要在 HTML 中引入 JavaScript，一般有三种方式。

- 外部 JavaScript
- 内部 JavaScript
- 元素事件 JavaScript

实际上，JavaScript 的三种引入方式，跟 CSS 的三种引入方式（外部样式表、内部样式表、行内样式表）是非常相似的。对比理解一下，这样更能加深记忆。

1.3.1 外部JavaScript

外部 JavaScript，指的是把 HTML 代码和 JavaScript 代码分别放在不同文件中，然后在 HTML 文档中使用 script 标签来引入 JavaScript 代码。

外部 JavaScript 是最理想的 JavaScript 引入方式。在实际开发中，为了提升网站的性能和可维护性，一般都是使用外部 JavaScript。

语法：

```html
<!DOCTYPE html>
<html xmlns="http://www.w3.org/1999/xhtml">
<head>
    <title></title>
    <!--1、在head中引入 -->
    <script src="index.js"></script>
</head>
<body>
    <!--2、在body中引入 -->
    <script src="index.js"></script>
</body>
</html>
```

说明：

在 HTML 中，我们可以使用 script 标签引入外部 JavaScript 文件。在 script 标签中，我们只需用到 src 这一个属性。src 是 source（源）的意思，指向的是文件路径。

对于 CSS 来说，外部 CSS 文件只能在 head 中引入。不过对于 JavaScript 来说，外部 JavaScript 文件不仅可以在 head 中引入，还可以在 body 中引入。

此外还需要注意一点，引入外部 CSS 文件使用的是 link 标签，而引入外部 JavaScript 文件使用的是 script 标签。对于这一点，小伙伴们别搞混了。

举例：

```html
<!DOCTYPE html>
<html xmlns="http://www.w3.org/1999/xhtml">
<head>
    <title></title>
    <!-- 引入外部CSS-->
    <link href="index.css" rel="stylesheet" />
    <!-- 引入外部JavaScript-->
    <script src="js/index.js"></script>
</head>
<body>
</body>
</html>
```

分析：

`<script src="js/index.js"></script>` 表示引入文件名为 index.js 的 JavaScript 文件，其中文件的路径是 js/index.js。

1.3.2 内部JavaScript

内部 JavaScript，指的是把 HTML 代码和 JavaScript 代码放在同一个文件中。其中 JavaScript 代码写在 `<script></script>` 标签对内。

语法：

```
<!DOCTYPE html>
<html xmlns="http://www.w3.org/1999/xhtml">
<head>
    <title></title>
    <!--1、在 head 中引入 -->
    <script>
        ……
    </script>
</head>
<body>
    <!--2、在 body 中引入 -->
    <script>
        ……
    </script>
</body>
</html>
```

说明：

同样的，内部 JavaScript 文件不仅可以在 head 中引入，也可以在 body 中引入。一般情况下，我们都是在 head 中引入。

实际上，`<script></script>` 是一种简写形式，它其实等价于：

```
<script type="text/javascript">
    ……
</script>
```

一般情况下，我们使用简写形式比较多。对于上面这种写法，我们也需要了解一下，因为不少地方采用上面这种旧写法。

举例：

```
<!DOCTYPE html>
<html xmlns="http://www.w3.org/1999/xhtml">
<head>
    <title></title>
```

```
        <meta charset="utf-8" />
        <script>
            document.write("绿叶学习网,给你初恋般的感觉~");
        </script>
    </head>
    <body>
    </body>
</html>
```

浏览器预览效果如图1-10所示。

图1-10

分析：

document.write()表示在页面输出一个内容,大家先记住这个方法,后面我们会经常用到。

1.3.3 元素属性JavaScript

元素属性JavaScript,指的是在元素的事件属性中直接编写JavaScript或调用函数。

举例：在元素事件中编写JavaScript。

```
<!DOCTYPE html>
<html xmlns="http://www.w3.org/1999/xhtml">
<head>
    <title></title>
    <meta charset="utf-8" />
</head>
<body>
    <input type="button" value="按钮" onclick="alert('绿叶学习,给你初恋般的感觉')"/>
</body>
</html>
```

当我们点击按钮后，预览效果如图1-11所示。

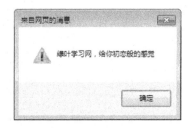

图1-11

举例：在元素事件中调用函数。

```
<!DOCTYPE html>
<html xmlns="http://www.w3.org/1999/xhtml">
<head>
    <title></title>
    <meta charset="utf-8" />
    <script>
        function alertMes()
        {
            alert("绿叶学习网，给你初恋般的感觉");
        }
    </script>
</head>
<body>
    <input type="button" value="按钮" onclick="alertMes()"/>
</body>
</html>
```

当我们点击按钮后，预览效果如图1-12所示。

分析：

alert()表示弹出一个对话框，大家也先记住这个语句，后面我们也会经常用到。对于在元素属性中引入JavaScript，只需要简单了解就行，也不需要记住语法。

此外，这一节学习了两个十分有用的方法，这两个方法在后面章节会大量用到，这里我们先记一下。

- document.write()：在页面输出一个内容。
- alert()：弹出一个对话框。

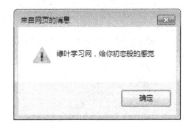

图1-12

1.4 训练题：一个简单的JavaScript程序

在学习JavaScript语法之前，先来个例子让小伙伴们感受一下神奇的JavaScript是怎样一回事。

下面这个例子实现的功能是：当页面打开时，会弹出对话框，内容为"欢迎来到绿叶学习网"；当页面关闭时，也会弹出对话框，内容为"记得下次再来喔。"

实现代码如下：

```
<!DOCTYPE html>
<html>
<head>
    <title></title>
    <meta charset="utf-8" />
    <script>
        window.onload = function () {
            alert(" 欢迎来到绿叶学习网！");
        }
        window.onbeforeunload = function (event) {
            var e = event || window.event;
            e.returnValue = " 记得下次再来喔！";
        }
    </script>
</head>
<body>
</body>
</html>
```

打开页面的时候，浏览器预览效果如图 1-13 所示。关闭页面的时候，浏览器预览效果如图 1-14 所示。

图1-13

图1-14

分析：

上面的代码我们不懂没关系，这个例子只是让大家感性地认识一下 JavaScript 是怎样的，都可以做点什么，后面我们会慢慢学习。大家可以在本地编辑器中测试一下效果。当然，还是建议大家直接下载本书的源代码来测试。本书源代码可以在绿叶学习网（www.lvyestudy.com）以及异步社区（http://www.epubit.com.cn/）找到。

是不是感觉很有趣呢？那就快快到 JavaScript 的碗里来吧！

第02章 语法基础

2.1 语法简介

曾几何时,我们经常在《速度与激情8》《碟中谍5》等电影中,看到黑客飞快地敲着键盘,仅仅几秒钟就控制了整栋大楼的系统,或者化解了一次危机。在惊讶之余,小伙伴们有没有想过以后也能学会"编程"这一种神奇的技能呢?

从这一章开始,我们就步入"编程"的神圣殿堂,将学习怎么使用"编程"的方式来改变这个世界(程序员们都自称是这个星球上最富有使命的物种,他们的梦想就是改变世界)。

图2-1

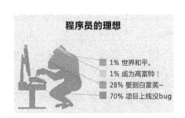

图2-2

人类有非常多的语言，例如中文、英语、法语等。实际上，计算机也有很多语言，例如 C、C++、Java 等。简单来说，JavaScript 就是众多计算机语言（也叫编程语言）中的一种。跟人类语言类似，计算机语言也有一些共性，例如我们可以将用 C 语言写的代码转化为 JavaScript 代码，这就像将英语翻译成中文一样，虽然语言不一样了，但是表达出来的意思是一样的。

当我们把 JavaScript 学完，再去学另外一门语言（如 C、Java 等），会变得非常容易。因为两门计算机语言之间，是有非常多共性的。因此，认真把 JavaScript 学了，以后再想去学其他编程语言就会变得非常轻松，何乐而不为呢？

我们都知道，学习任何一门人类语言，都得学这门语言的词汇、语法、结构等。同样的，想要学习一门编程语言，也需要学习类似的东西。只不过呢，这些在编程语言中不是叫词汇、语法、结构，而是叫变量、表达式、运算符等。

在这一章中，我们主要学习 JavaScript 以下七个方面的语法。

- 常量与变量
- 数据类型
- 运算符
- 表达式与语句
- 类型转换
- 转义字符
- 注释

学习 JavaScript，说白了，就是学一门"计算机"能够懂得的语言。在学习过程中，我们尽量将每一个知识点都跟人类语言对比，这样就会变得非常简单。当然，计算机语言与人类语言相比有很多不一样的特点，因此我们需要认真遵循它的规则（也就是语法）。

此外，如果小伙伴们有其他编程语言的基础，也建议认真学一遍本书，因为这本书独树一帜的介绍，也会让你对编程语言有更深一层的理解。

2.2 变量与常量

先问小伙伴们一个问题：学习一门语言，最先要了解的是什么？当然是词汇啊！就像学英语一样，再简单的一句话，我们也得先弄清楚每一个单词是什么意思，然后才知道一句话说的是什么，对吧？

同样，学习 JavaScript 也是如此。先来看一句代码：

```
var a = 10;
```

英语都是一句话一句话地表述的，上面这行代码就相当于 JavaScript 中的"一句话"，我们称之为"语句"。在 JavaScript 中，每一条语句都是以英文分号（;）作为结束符。每一条语句都有它特定的功能，这个跟英语每一句话都有它表达的意思是一样的道理。

在 JavaScript 中，变量与常量就像是英语中的词汇。上面代码中的 a 就是 JavaScript 中的变量。

2.2.1 变量

在 JavaScript 中，变量指的是一个可以改变的量。也就是说，变量的值在程序运行过程中是可以改变的。

1. 变量的命名

想要使用变量，我们就得先给它起一个名字（命名），就像每个人都有自己的名字一样。当别人喊你的名字时，你就知道别人喊的是你，而不是路人甲。

当 JavaScript 程序需要使用一个变量时，我们只需要使用这个变量的名字就行了，总不能说："喂，我要用这个变量"。变量那么多，要是这样的话，怎么才知道你要用哪个变量呢！

变量的名字一般是不会变的，但是它的值却可以变。这就像人一样，名字一般都是固定下来的，但是每个人都会改变，都会从小孩成长为青年，然后从青年慢慢变成老人。

在 JavaScript 中，给一个变量命名，我们需要遵循以下两个方面。

- 变量由字母、下划线、$ 或数字组成，并且第一个字母必须是"字母、下划线或 $"。
- 变量不能是系统关键字和保留字。

上面两句话很简单，但却非常重要，一定要字斟句酌地理解。从第一点可以知道，变量只可以包含字母（大写小写都行）、下划线、$ 或数字，不能包含除了这四种之外的字符（如空格、%、-、*、/ 等）。因为其他很多字符都已经被系统当做运算符。

对于第二点，系统关键字，指的是 JavaScript 本身**已经在使用**的名字。因此我们在给变量命名的时候，是不能使用这些名字的（因为系统要用）。保留字，指的是 JavaScript 本身**还没使用**的名字，虽然没有使用，但是它们有可能在将来会被使用，所以先保留自己用，不给你用。JavaScript 关键字和保留字如表 2-1、2-2、2-3 所示。

表 2-1　　　　　　　　JavaScript 关键字

break	else	new	typeof
case	false	null	var
catch	for	switch	void
continue	function	this	while
default	if	throw	with
delete	in	true	
do	instanceof	try	

表 2-2　　　　　　　　ECMA-262 标准的保留字

abstract	enum	int	short
boolean	export	interface	static
byte	extends	long	super

续表

char	final	native	synchronized
class	float	package	throws
const	goto	private	transient
debugger	implements	protected	volatile
double	import	public	

表2-3　　　　　　　　　　浏览器定义的保留字

alert	eval	location	open
array	focus	math	outerHeight
blur	funtion	name	parent
boolean	history	navigator	parseFloat
date	image	number	regExp
document	isNaN	object	status
escape	length	onLoad	string

这里列举了JavaScript常见关键字和保留字，只是方便小伙伴们查询，并不是叫大家记忆。所以大家不必一个个去记忆。实际上，对于这些关键字，等学到了后面，自然而然就会认得。就算不认得，等需要的时候再回这里查一下就行了。

举例：正确的命名。

```
i
lvye_study
_lvye
$str
n123
```

举例：错误的命名。

```
123n        //不能以数字开头
-study      //不能以中划线开头
my-title    //不能包含中划线
continue    //不能跟系统关键字相同
```

此外，变量的命名一定要区分大小写，例如变量age与变量Age在JavaScript中就是两个不同的变量。

2. 变量的使用

在JavaScript中，如果想要使用一个变量，我们一般需要进行两步。
- 变量的声明
- 变量的赋值

对于变量的声明，小伙伴们记住一句话：**所有JavaScript变量都是由var声明**。在这一点上，JavaScript 跟 C、Java 这些是不同的。

语法：

```
var 变量名 = 值;
```

说明：

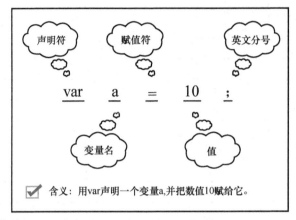

图2-3

举例：

```
<!DOCTYPE html>
<html>
<head>
    <title></title>
    <meta charset="utf-8" />
    <script>
        var a = 10;
        document.write(a);
    </script>
</head>
<body>
</body>
</html>
```

浏览器预览效果如图 2-4 所示。

分析：

在这个例子中，我们使用 var 来定义一个变量，变量名为 a，变量的值为 10。然后使用 document.write() 方法输出这个变量的值。

对于变量的命名，我们尽量取一些有意义的英文名或英文缩写。当然，为了讲解方便，本书中有些变量的命名可

图2-4

此外，一个 var 也可以同时声明多个变量名，其中变量名之间必须用英文逗号（,）隔开，例如：

```
var a=10,b=20,c=30;
```

实际上，上面代码等价于：

```
var a=10;
var b=20;
var c=30;
```

举例：

```
<!DOCTYPE html>
<html>
<head>
    <title></title>
    <meta charset="utf-8" />
    <script>
        var a = 10;
        a = 12;
        document.write(a);
    </script>
</head>
<body>
</body>
</html>
```

浏览器预览效果如图 2-5 所示。

分析：

咦？a 的值不是 10 吗？怎么输出 12 呢？大家别忘了，a 是一个变量。变量，简单来说就是一个值会变的量。因此"a=12"会覆盖"a=10"。我们再来看一个例子就会有更深的理解了。

图2-5

举例：

```
<!DOCTYPE html>
<html>
<head>
    <title></title>
    <meta charset="utf-8" />
    <script>
        var a = 10;
        a = a + 1;
        document.write(a);
```

```
        </script>
    </head>
    <body>
    </body>
</html>
```

浏览器预览效果如图 2-6 所示。

图2-6

分析：

a = a +1; 表示 a 的最终值是在原来 a 的基础上加 1，因此 a 最终值为 11（10+1）。下面代码中，a 的最终值是 5，小伙伴们可以思考一下为什么。

```
var a = 10;
a = a + 1;
a = a - 6;
```

2.2.2 常量

在 JavaScript 中，常量指的是一个不能改变的量。也就是说，常量的值从定义开始就是固定的，一直到程序结束都不会改变。

常量，形象地说，就像千百年来约定俗成的名称，这个名称是定下来的，不能随便改变。在 JavaScript 中，我们可以把常量看成是一种特殊的变量，之所以特殊，是因为它的值是不会变的。一般情况下，常量名全部大写，别人一看就知道这个值很特殊，有特殊用途，如：

```
var DEBUG = 1;
```

我们都知道，程序是会变化的，因此变量比常量有用得多。常量在 JavaScript 中用得比较少。我们简单了解常量是这么一回事就行了，不需要做过多的深入了解。

▶2.3 数据类型

所谓的数据类型，说白了，就是图 2-7 中"值"的类型。在 JavaScript 中，数据类型可以分为两种，一种是"基本数据类型"，另外一种是"引用数据类型"。其中，基本数据类型只有一个值，而引用数据类型可以含有多个值。

在 JavaScript 中，基本数据类型有五种：**数字、字符串、布尔值、未定义值和空值**。而常见的引用数据类型有两种：**数组、对象**。这一节，我们先来介绍基本数据类型。后面章节会逐渐介绍"数组"和"对象"这两种引用数据类型。

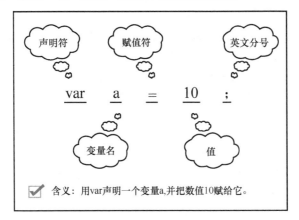

图2-7

2.3.1 数字

在 JavaScript 中，数字是最基本的数据类型。所谓的数字，就是数学中的数字，如 10、-10、3.14 等。

小伙伴们要特别注意啦，JavaScript 中的数字是不区分"整型（int）"和"浮点型（float）"的。记住这一句话就可以了：**在 JavaScript 中，所有变量都是用 var 声明。**

举例：

```
<!DOCTYPE html>
<html>
<head>
    <title></title>
    <meta charset="utf-8" />
    <script>
        var n = 1001;
        document.write(n);
    </script>
</head>
<body>
</body>
</html>
```

浏览器预览效果如图 2-8 所示。

图2-8

2.3.2 字符串

字符串,从名字上来就很好理解,就是一串字符嘛。在 JavaScript 中,字符串都是用英文单引号或英文双引号(注意都是英文)括起来的。

1. 单引号括起来的一个或多个字符

```
'我'
'绿叶学习网'
```

2. 双引号括起来的一个或多个字符

```
"我"
"绿叶学习网"
```

3. 单引号括起来的字符串中可以包含双引号

```
'我来自"绿叶学习网"'
```

4. 双引号括起来的字符串中可以包含单引号

```
"我来自'绿叶学习网'"
```

```
<!DOCTYPE html>
<html>
<head>
    <title></title>
    <meta charset="utf-8" />
    <script>
        var str = "绿叶,初恋般的感觉~";
        document.write(str);
    </script>
</head>
<body>
</body>
</html>
```

浏览器预览效果如图 2-9 所示。

图2-9

分析：

如果我们把字符串两边的引号去掉，会发现页面不输出内容了，小伙伴们可以自己试一试。因此在实际开发中，对于一个字符串来说，一定要加上引号，单引号或双引号都可以。

```
var str = "绿叶，初恋般的感觉~";
document.write(str);
```

对于上面这两句代码，也可以直接用下面一句代码来实现，因为 document.write() 这个方法本身就是用来输出一个字符串的。

```
document.write("绿叶，初恋般的感觉~");
```

举例：

```
<!DOCTYPE html>
<html>
<head>
    <title></title>
    <meta charset="utf-8" />
    <script>
        var str = '绿叶，"初恋"般的感觉';
        document.write(str);
    </script>
</head>
<body>
</body>
</html>
```

浏览器预览效果如图 2-10 所示。

分析：

单引号括起来的字符串中，不能含有单引号，只能含有双引号。同理，双引号括起来的字符串中，不能含有双引号，只能含有单引号。

为什么要这么规定呢？我们看看下面这个字符串，含有四个双引号，此时 JavaScript 是判断不出来哪两个双引号是一对的。

图2-10

```
"绿叶，"初恋"般的感觉"
```

举例：

```
<!DOCTYPE html>
<html>
<head>
    <title></title>
    <meta charset="utf-8" />
    <script>
```

```
            var n = "1001";
            document.write(n);
        </script>
    </head>
    <body>
    </body>
</html>
```

浏览器预览效果如图 2-11 所示。

分析：

如果数字加上双引号，这个时候 JavaScript 会把这个数字当做字符串来处理，而不是当做数字来处理。我们都知道，数字是可以进行加减乘除的，但是加上双引号的数字一般是不可以进行加减乘除的，因为这个时候它不再是数字，而是被当作字符串了。对于两者的区别，我们在下一节会详细介绍。

图2-11

```
1001        // 这是一个数字
"1001"      // 这是一个字符串
```

2.3.3 布尔值

在 JavaScript 中，数字和字符串这两个类型的值可以有无数多个，但是布尔类型的值只有两个：true 和 false。true 表示"真"，false 表示"假"。

有些小伙伴可能觉得很奇怪，为什么这种数据类型叫"布尔值"呢？这名字咋来的呢？实际上，布尔是 bool 的音译，是以英国数学家、布尔代数的奠基人乔治·布尔（George Boole）来命名的。

布尔值最大的用途就是：**选择结构的条件判断**。对于选择结构，我们在下一章会详细给大家介绍，这里只需要简单了解一下就行。

举例：

```
<!DOCTYPE html>
<html>
<head>
    <title></title>
    <meta charset="utf-8" />
    <script>
        var a = 10;
        var b = 20;
        if (a < b)
        {
            document.write("a 小于 b");
        }
```

```
        </script>
    </head>
    <body>
    </body>
</html>
```

浏览器预览效果如图 2-12 所示：

分析：

在这个例子中，我们首先定义了两个数字类型的变量：a、b。然后在 if 语句中对 a 和 b 进行大小判断，如果 a 小于 b，则使用 document.write() 方法输出一个字符串："a 小于 b"。其中，if 语句是用来进行条件判断的，我们在下一章会详细介绍，这里不需要深入。

图2-12

2.3.4 未定义值

在 JavaScript 中，未定义值，指的是如果一个变量虽然已经用 var 来声明了，但是并没有对这个变量进行赋值，此时该变量的值就是"未定义值"。其中，未定义值用 undefined 表示。

举例：

```
<!DOCTYPE html>
<html>
<head>
    <title></title>
    <meta charset="utf-8" />
    <script>
        var n;
        document.write(n);
    </script>
</head>
<body>
</body>
</html>
```

浏览器预览效果如图 2-13 所示：

图2-13

分析：

凡是已经用 var 来声明但没有赋值的变量，值都是 undefined。undefined 在 JavaScript 还是挺重要的，在后面我们会慢慢接触。

2.3.5 空值

数字、字符串等数据在定义的时候，系统都会分配一定的内存空间。在 JavaScript 中，空值用 null 表示。如果一个变量的值等于 null，如 var n = null;，则表示系统没有给这个变量 n 分配内存空间。

对于内存分配这个概念，非计算机专业的小伙伴可能理解起来比较困难，不过没关系，简单了解一下即可。

null 跟 undefined 非常相似，但是也有一定的区别，这里我们不需要深入。对于这些高级部分的知识，可以关注绿叶学习网的 JavaScript 进阶教程。

总结： 经过这一节的学习，我们也清楚地知道"数据类型"是怎样一个东西了。数据类型，就是值的类型。就像我们数学，也得分整数、小数、分数这样的类型。

2.4 运算符

在 JavaScript 中，要完成各种各样的运算，是离不开运算符的。运算符用于将一个或几个值进行运算从而得出所需要的结果值。就像我们数学上，也需要加减乘除这些运算符才可以运算。不过对于 JavaScript 来说，我们需要遵循计算机语言运算的一套方法。

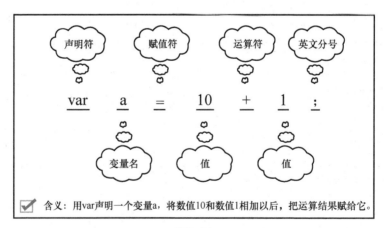

图2-14

在 JavaScript 中，运算符指的是"变量"或"值"进行运算操作的符号。在 JavaScript 中，常见的运算符有五种。

- 算术运算符
- 赋值运算符
- 比较运算符

- 逻辑运算符
- 条件运算符

2.4.1 算术运算符

在 JavaScript 中，算术运算符一般用于实现"数学"运算，包括加、减、乘、除等，如表 2-4 所示。

表 2-4　　　　　　　　　　算术运算符

运算符	说明	举例	
+	加	10+5	//返回 15
−	减	10-5	//返回 5
*	乘	10*5	//返回 50
/	除	10/5	//返回 2
%	求余	10%4	//返回 2
++	自增	var i=10;i++	//返回 11
--	自减	var i=10;i--	//返回 9

在 JavaScript 中，乘号是"*"而不是"×"，除号是"/"而不是"÷"，所以小伙伴们不要搞混了。为什么要这样定义呢？这是因为 JavaScript 这门语言的开发者，是希望尽量使用键盘已有的符号来表示这些运算符。

对于算术运算符，我们需要重点掌握这三种：加法运算符、自增运算符、自减运算符。

1. 加法运算符

在 JavaScript 中，加法运算符并非想象中那么简单，我们需要注意三点。
- 数字 + 数字 = 数字
- 字符串 + 字符串 = 字符串
- 字符串 + 数字 = 字符串

也就是说，当一个数字加上另外一个数字时，运算规则跟数学上的相加一样，例如：

```
var num = 10 + 4;      //num 的值为 14
```

当一个字符串加上另外一个字符串时，运算规则是将两个字符串连接起来，例如：

```
var str = "绿叶学习网" + "JavaScript";    //str 的值为 "绿叶学习网 JavaScript"
```

当一个字符串加上一个数字时，JavaScript 会将数字变成字符串，然后再连接起来，例如：

```
var str = "今年是 "+2017    //str 的值为 "今年是 2017"（这是一个字符串）
```

举例：

```
<!DOCTYPE html>
<html>
<head>
    <title></title>
    <meta charset="utf-8" />
    <script>
        var a = 10 + 4;
        var b = "绿叶学习网" + "JavaScript";
        var c = "今年是" + 2017;
        document.write(a + "<br/>" + b + "<br/>" + c);
    </script>
</head>
<body>
</body>
</html>
```

浏览器预览效果如图 2-15 所示。

图2-15

分析：

在这个例子中，可能有些小伙伴不太懂 document.write(a + "<br/>" + b + "<br/>" + c); 这一句代码是什么意思。实际上，这一句代码等价于：

```
document.write("14<br/>绿叶学习网 JavaScript<br/>今年是2017");
```

小伙伴们好好根据上面加法运算符的三个规则，就会觉得很简单了。以后呢，如果你想往字符串里面塞点东西，就应该用加号连接，然后用英文引号断开来处理，这是经常使用的一个技巧。

举例：

```
<!DOCTYPE html>
<html>
<head>
    <title></title>
    <meta charset="utf-8" />
    <script>
```

```
        var str = "2017" + 1000;
        document.write(str);
    </script>
</head>
<body>
</body>
</html>
```

浏览器预览效果如图 2-16 所示。

图2-16

分析：
"2017" 是一个字符串，而不是数字，大家不要被表象蒙蔽了！

举例：

```
<!DOCTYPE html>
<html>
<head>
    <title></title>
    <meta charset="utf-8" />
    <script>
        var a = 10;
        var b = 4;
        var n1 = a + b;
        var n2 = a - b;
        var n3 = a * b;
        var n4 = a / b;
        var n5 = a % b;
        document.write("a+b=" + n1 + "<br/>");
        document.write("a-b=" + n2 + "<br/>");
        document.write("a*b=" + n3 + "<br/>");
        document.write("a/b=" + n4 + "<br/>");
        document.write("a%b=" + n5 );
    </script>
</head>
<body>
</body>
</html>
```

浏览器预览效果如图 2-17 所示。

分析：

注意，"a+b="、"a-b="、"a*b=" 等这些由于加上了英文双引号，所以都是字符串来的。

2. 自增运算符

"++" 是自增运算符，表示在"原来的值"的基础上再加上 1。i++ 等价于 i=i+1；自增运算符有以下两种情况。

- i++

i++ 指的是在使用 i 之后，再让 i 的值加上 1。例如：

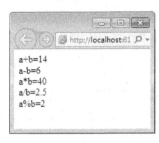

图2-17

```
i=1;
j=i++;
```

上面这段代码等价于：

```
i=1;
j=i;
i=i+1;
```

因此，上面执行的结果是：i=2, j=1。

- ++i

++i 指的是在使用 i 之前，先让 i 的值加上 1。例如：

```
i=1;
j=++i;
```

上面这段代码等价于：

```
i=1;
i=i+1;    //i=1+1,也就是 i=2 了
j=i;      // 由于此时 i 的值变为 2 了，所以 j 为 2
```

因此，上面执行的结果是：i=2, j=2。

对于"j=++i"和"j=i++"，小伙伴们一定要分清楚。可以简单这样记忆：++ 在 i 的左边（前面），就是先使用"i=i+1"而后使用"j=i"。++ 在 i 的右边（后面），就是后使用"i=i+1"而先使用"j=i"。"i=i+1"的使用位置是根据 ++ 的位置来决定的。

3. 自减运算符

"--" 是自减运算符，表示在"原来的值"的基础上再减去 1。i-- 等价于 i=i-1；自减运算符同样也有以下两种情况。

- i--

i-- 指的是在使用 i 之后，再让 i 的值减去 1。例如：

```
i=1;
j=i--;
```

上面这段代码等价于:

```
i=1;
j=i;
i=i-1;
```

因此,上面执行的结果是:i=0,j=1。

- --i

--i 指的是在使用 i 之前,先让 i 的值减去 1。例如:

```
i=1;
j=--i;
```

上面这段代码等价于:

```
i=1;
i=i-1;    //i=1-1,也就是 i=0 了
j=i;      // 由于此时 i 的值变为 0 了,所以 j 为 0
```

因此,上面执行的结果是:i=0,j=0。
"--"与"++"使用方法是一样的,大家可以对比理解一下。

2.4.2 赋值运算符

在 JavaScript 中,赋值运算符用于将右边表达式的值保存到左边的变量中去。如表 2-5 所示。

表 2-5　　　　　　　　　　　赋值运算符

运算符	举例
=	var str=" 绿叶学习网 "
+=	var a+=b 等价于 var a=a+b
-=	var a-=b 等价于 var a=a-b
*=	var a*=b 等价于 var a=a*b
/=	var a/=b 等价于 var a=a/b

上表中,我们只是列举了常用的赋值运算符,对于不常用的就不列出来了,以免增加小伙伴们的记忆负担。

"var a+=b"其实就是"var a=a+b"的简化形式,+=、-=、*=、/= 这几个运算符其实就是为了简化代码而出现的,大多数有经验的开发人员都喜欢用这种简写形式。对于初学者来说,我们还是要熟悉一下这种写法,以免看不懂别人的代码。

举例:

```
<!DOCTYPE html>
```

```
<html>
<head>
    <title></title>
    <meta charset="utf-8" />
    <script>
        var a = 10;
        var b = 5;
        a += b;
        b += a;
        document.write("a 的值是" + a + "<br/>b 的值是" + b);
    </script>
</head>
<body>
</body>
</html>
```

浏览器预览效果如图 2-18 所示。

分析：

首先我们初始化了变量 a 的值为 10，变量 b 的值为 5。当执行"a+=b;"后，此时 a 的值为 15（10+5），b 的值没有变化，依旧是 5。

由于程序是从上而下地执行的，当执行 b+=a; 时，由于之前 a 的值已经变为 15 了，因此执行后，a 的值为 15，b 的值为 20（15+5）。

图2-18

这里小伙伴们要知道一点：a 和 b 都是变量，它们的值是会随着程序的执行而变化的。

2.4.3 比较运算符

在 JavaScript 中，比较运算符用于将运算符两边的值或表达式进行比较，如果比较结果是对的，则返回 true；如果比较结果是错的，则返回 false。true 和 false 是布尔值，前面我们已经介绍了。比较运算符如表 2-6 所示。

表 2-6　　　　　　　　　　比较运算符

运算符	说明	举例
>	大于	2>1　// 返回 true
<	小于	2<1　// 返回 false
>=	大于或等于	2<=2　// 返回 true
<=	小于或等于	2>=2　// 返回 true
==	等于	1==2　// 返回 false
!=	不等于	1!=2　// 返回 true

"="是赋值运算符,用于将右边的值赋值给左边的变量。"=="是比较运算符,用于比较左右两边的值是否相等。如果想要比较两个值是否相等,写成 a=b 是错误的,正确写法应该是 a==b。

举例:

```
<!DOCTYPE html>
<html>
<head>
    <title></title>
    <meta charset="utf-8" />
    <script>
        var a = 10;
        var b = 5;
        var n1 = (a > b);
        var n2 = (a == b);
        var n3 = (a != b);
        document.write("10>5:" + n1 + "<br/>");
        document.write("10==5:" + n2 + "<br/>");
        document.write("10!=5:" + n3);
    </script>
</head>
<body>
</body>
</html>
```

浏览器预览效果如图 2-19 所示。

图2-19

分析:
对于一条语句,都是先运算右边,然后再将右边结果赋值给左边变量。

2.4.4 逻辑运算符

在 JavaScript 中,逻辑运算符用于执行"布尔值的运算"。其中,逻辑运算符经常和比较运算符结合在一起使用,如表 2-7 所示。

表 2-7　　　　　　　　　　　　　　逻辑运算符

运算符	说明
&&	"与"运算
||	"或"运算
!	"非"运算

1. "与"运算

在 JavaScript 中，与运算用 "&&" 表示。如果 "&&" 两边的值都为 true，则结果返回 true；如果有 1 个为 false 或者 2 个都为 false，则结果返回 false。

真 && 真→真

真 && 假→假

假 && 真→假

假 && 假→假

举例：

```
<!DOCTYPE html>
<html>
<head>
    <title></title>
    <meta charset="utf-8" />
    <script>
        var a = 10;
        var b = 5;
        var c = 5;
        var n = (a < b) && (b == c);
        document.write(n);
    </script>
</head>
<body>
</body>
</html>
```

浏览器预览效果如图 2-20 所示。

分析：

var n = (a < b) && (b == c); 等价于 var n = (10 < 5) && (5 == 5);，由于 (10 < 5) 返回结果为 false 而 (5==5) 返回结果为 true，所以 var n = (a < b) && (b == c); 最终等价于 var n = false&&true。根据与运算的规则，n 最终的值为 false。

图2-20

2. "或"运算

在 JavaScript 中，或运算用 "||" 表示。如果 "||" 两边的值都为 false，则结果返

回 false；如果有 1 个为 true 或者 2 个都为 true，则结果返回 true。

真 || 真→真
真 || 假→真
假 || 真→真
假 || 假→假
举例：

```
<!DOCTYPE html>
<html>
<head>
    <title></title>
    <meta charset="utf-8" />
    <script>
        var a = 10;
        var b = 5;
        var c = 5;
        var n = (a < b) || (b == c);
        document.write(n);
    </script>
</head>
<body>
</body>
</html>
```

浏览器预览效果如图 2-21 所示。

分析：

var n = (a < b) ||(b == c); 等价于 var n = (10 < 5) || (5 == 5);，由于 (10 < 5) 返回结果为 false 而 (5==5) 返回结果为 true，所以 var n = (a < b) || (b == c); 最终等价于 var n = false||true;。根据与运算的规则，n 最终的值为 true。

图2-21

3. "非" 运算

在 JavaScript 中，非运算用英文叹号 "!" 表示。非运算跟与运算、或运算不太一样，非运算操作的对象只有一个。当 "!" 右边的值为 true 时，最终结果为 false；当 "!" 右边的值为 false 时，最终结果为 true。

！真→假
！假→真

这个其实很简单，直接取反就行。
举例：

```
<!DOCTYPE html>
<html>
```

```
<head>
    <title></title>
    <meta charset="utf-8" />
    <script>
        var a = 10;
        var b = 5;
        var c = 5;
        var n = !(a < b) && !(b == c);
        document.write(n);
    </script>
</head>
<body>
</body>
</html>
```

浏览器预览效果如图 2-22 所示。

分析：

var n = !(a < b) && !(b == c); 等价于 var n =!(10 < 5) && !(5 == 5);，也就是 var n = !false&&!true。由于 !false 的值为 true，!true 的值为 false。因此最终等价于 var n = true&&false，也就是 false。

当我们把 var n = !(a < b) && !(b == c); 这句代码中的 "&&" 换成 "||" 后，返回结果为 true，小伙伴们可以自行测试一下。此外，我们也不要被这些看起来复杂的运算吓到了。实际上，再复杂的运算，一步步来，也是非常简单的。

图2-22

对于与、或、非这三种逻辑运算，我们总结一下。

- true 的 ! 为 false，false 的 ! 为 true。
- a&&b：a、b 全为 true 时，结果为 true，否则结果为 false。
- a||b：a、b 全为 false 时，结果为 false，否则结果为 true。
- a&&b：系统会先判断 a，再判断 b。如果 a 为 false，则系统不会再去判断 b。
- a||b：系统会先判断 a，再判断 b。不管 a 是 true，还是 false，系统还会继续去判断 b。

第四、五条是非常有用的技巧，在后续学习中我们会经常碰到，这里简单认识一下即可。

2.4.5 条件运算符

除了上面这些常用的运算符，JavaScript 还为我们提供了一种特殊的运算符：条件运算符。条件运算符，也叫三目运算符。在 JavaScript 中，条件运算符用英文问号 "?" 表示。

语法：

```
var a = 条件 ? 表达式1 : 表达式2;
```

说明：

当条件为 true 时，我们选择的是"表达式 1"，也就是"var a = 表达式 1"；当条件为 false 时，我们选择的是"表达式 2"，也就是"var a = 表达式 2"。注意，a 只是一个变量名，这个变量名可以自定义。

条件运算符其实是很简单的，也就是"二选一"。

举例：

```
<!DOCTYPE html>
<html>
<head>
    <title></title>
    <meta charset="utf-8" />
    <script>
        var result = (2 > 1) ? "小芳" : "小美";
        document.write(result);
    </script>
</head>
<body>
</body>
</html>
```

浏览器预览效果如图 2-23 所示。

图2-23

分析：

由于条件（2>1）返回 true，所以最终选择的是"小芳"。

2.5 表达式与语句

一个表达式包含"操作数"和"操作符"。操作数可以是变量，也可以是常量。操作符指的就是我们之前学的运算符。每一个表达式都会产生一个值。

语句，简单来说就是用（;）（英文分号）分开的一句代码。一般情况下，一个分号对应一个语句。在图2-24中，1+2是一个表达式，而 var a=1+2; 就是一个语句。

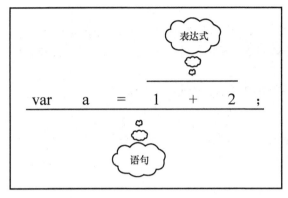

图2-24

对于初学者来说，不用纠结什么是表达式，什么是语句。对于表达式和语句，我们可以简单认为"语句就是 JavaScript 的一句话"，而"表达式就是一句话的一部分"。一个表达式加上一个分号就可以组成一个语句。

2.6 类型转换

类型转换，指的是将"**一种数据类型**"转换为"**另外一种数据类型**"。数据类型，我们在2.3节给大家介绍过了。而在2.4节，我们讲到如果一个数字与一个字符串相加，则 JavaScript 会自动将数字转换成字符串，然后再与另外一个字符串相加，例如 "2017"+1000 的结果是 "20171000"，而不是 3017。其中，"JavaScript 会自动将数字转换成字符串"就是类型转换。

在 JavaScript 中，共有两种类型转换。
- 隐式类型转换
- 显式类型转换

隐式类型转换，指的是 JavaScript 自动进行的类型转换。显式类型转换，指的是需要用代码强制进行的类型转换。这两种方式，我们从名字上就能区分开来。

对于隐式类型转换，我们就不作介绍了，我们只需要把2.4节中的加号运算符所涉及的认真学一遍，就可以走很远了。这一节我们重点介绍一下显式类型转换的两种情况。

2.6.1 "字符串"转换为"数字"

在 JavaScript 中，想要将字符串转换为数字，可以有两种方式。
- Number()

- parseInt() 和 parseFloat()

Number() 方法可以将任何"数字型字符串"转换为数字。那什么叫数字型字符串呢?像"123"、"3.1415"等这些只有数字的字符串就是"数字型字符串",而"hao123"、"100px"等就不是。

准确来说,parseInt() 和 parseFloat 是提取"首字符为数字的任意字符串"中的数字,其中,parseInt() 提取的是整数部分,parseFloat() 不仅会提取整数部分,还会提取小数部分。

举例: **Number()**

```
<!DOCTYPE html>
<html>
<head>
    <title></title>
    <meta charset="utf-8" />
    <script>
        var a = Number("2017") + 1000;
        document.write(a);
    </script>
</head>
<body>
</body>
</html>
```

浏览器预览效果如图 2-25 所示。

分析:

从之前的学习可以知道,"2017"+1000 结果是"20171000"。我们在这里使用了 Number() 方法将 "2017" 转换为一个数字,因此 Number("2017")+1000 的结果是 3017。

图2-25

举例:

```
<!DOCTYPE html>
<html>
<head>
    <title></title>
    <meta charset="utf-8" />
    <script>
        document.write("Number(\"123\") : " + Number("123") + "<br/>");
        document.write("Number(\"3.1415\") : " + Number("3.1415") + "<br/>");
        document.write("Number(\"hao123\") : " + Number("hao123") + "<br/>");
        document.write("Number(\"100px\") : " + Number("100px"));
    </script>
</head>
<body>
</body>
</html>
```

浏览器预览效果如图 2-26 所示。

分析：

NaN 表示这是一个"Not a Number（非数字）"，从中可以看出，Number() 方法只能将纯"数字型字符串"转换为数字，不能将其他字符串（即使字符串内含有数字字符）转换为数字。在实际开发中，很多时候，我们需要提取类似 "100px" 中的数字，应该怎么做呢？这个时候就应该使用 parseInt() 和 parseFloat()，而不是 Number() 了。

图2-26

举例：parseInt()

```html
<!DOCTYPE html>
<html>
<head>
    <title></title>
    <meta charset="utf-8" />
    <script>
        document.write("parseInt(\"123\"): " + parseInt("123") + "<br/>");
        document.write("parseInt(\"3.1415\"): " + parseInt("3.1415") + "<br/>");
        document.write("parseInt(\"hao123\"): " + parseInt("hao123") + "<br/>");
        document.write("parseInt(\"100px\"): " + parseInt("100px"));
    </script>
</head>
<body>
</body>
</html>
```

浏览器预览效果如图 2-27 所示。

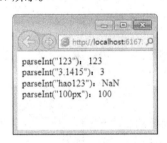

图2-27

分析：

从这个例子可以看出来，parseInt() 会从左到右进行判断，如果第一个字符是数字，则继续判断，直到出现非数字为止（小数点也是非数字）；如果第一个字符是非数字，则直接返回 NaN。

举例：

```html
<!DOCTYPE html>
<html>
```

```
<head>
    <title></title>
    <meta charset="utf-8" />
    <script>
        document.write("parseInt(\"+123\") : " + parseInt("+123") + "<br/>");
        document.write("parseInt(\"-123\") : " + parseInt("-123"));
    </script>
</head>
<body>
</body>
</html>
```

浏览器预览效果如图 2-28 所示。

图2-28

分析：

前面我们说过，对于 parseInt() 来说，如果第一个字符不是数字，则返回 NaN。但是这里第一个字符是 "+" 或 "-"（非数字），parseInt() 同样也是可以转换的。因为加号和减号在数学上其实就是表示一个数的正和负，所以 parseInt() 可以接受第一个字符是 "+" 或 "-"。同样的，parseFloat() 也有这个特点。

举例：parseFloat()

```
<!DOCTYPE html>
<html>
<head>
    <title></title>
    <meta charset="utf-8" />
    <script>
        document.write("parseFloat(\"123\"):" + parseFloat("123") + "<br/>");
        document.write("parseFloat(\"3.1415\") : " + parseFloat("3.1415") + "<br/>");
        document.write("parseFloat(\"hao123\") : " + parseFloat("hao123") + "<br/>");
        document.write("parseFloat(\"100px\") : " + parseFloat("100px"));
    </script>
</head>
<body>
</body>
</html>
```

浏览器预览效果如图 2-29 所示。

分析：

parseFloat() 跟 parseInt() 非常类似，都是从第一个字符从左到右开始判断。如果第一个字符是数字，则继续判断，直到出现除了数字和小数点之外的字符为止；如果第一个字符是非数字，则直接返回 NaN。

在 "首字母是 +、- 或数字的字符串" 中，不管是整数部分，还是小数部分，parse Float() 同样可以转换。这一点上跟 parseInt() 是不一样的。

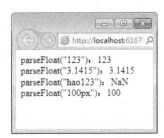

图2-29

2.6.2 "数字"转换为"字符串"

在 JavaScript 中，想要将数字转换为字符串，也有两种方式。
- 与空字符串相加
- toString()

下面分别对这两种方式进行举例。

举例：与空字符串相加

```
<!DOCTYPE html>
<html>
<head>
    <title></title>
    <meta charset="utf-8" />
    <script>
        var a = 2017 + "";
        var b = a + 1000;
        document.write(b);
    </script>
</head>
<body>
</body>
</html>
```

浏览器预览效果如图 2-30 所示。

图2-30

分析：

从之前的学习我们知道，数字加上字符串，系统会将数字转换成字符串。如果想要将一个数字转换为字符串，而又不增加多余的字符，我们可以将这个数字加上一个空字符串。

举例：toString()

```
<!DOCTYPE html>
<html>
<head>
    <title></title>
    <meta charset="utf-8" />
    <script>
        var a = 2017;
        var b = a.toString()+1000;
        document.write(b);
    </script>
</head>
<body>
</body>
</html>
```

浏览器预览效果如图 2-31 所示。

分析：

a.toString() 表示将 a 转换为字符串，也就是 2017 转换为 "2017"，因此最终 b 的值为 "20171000"。

在实际开发中，如果想要将数字转换为字符串，我们很少使用 toString() 方法，而更多地使用隐式类型转换的方式（也就是直接跟一个字符串相加）就行了。

图2-31

2.7 转义字符

在学习转义字符之前，我们先来看一个例子。

举例：

```
<!DOCTYPE html>
<html>
<head>
    <title></title>
    <meta charset="utf-8" />
    <script>
        document.write(" 绿叶，初恋般的感觉 ");
    </script>
</head>
<body>
</body>
</html>
```

浏览器预览效果如图 2-32 所示。如果想要实现下面图 2-33 这种效果，这个时候我们该怎么做呢？

图2-32　　　　　　　　　　　　　　图2-33

不少小伙伴首先想到的，可能就是使用下面这句代码来实现：

```
document.write(" 绿叶," 初恋 " 般的感觉 ");
```

试过的小伙伴肯定会疑惑：怎么在页面中没有输出内容呢？其实大家仔细观察一下就知道，双引号都是成对出现的，这句代码有四个双引号，JavaScript 是无法判断前后哪两个双引号是一对的。为了避免这种情况发生，JavaScript 引入了转义字符。

所谓的转义字符，指的是在默认情况下某些字符在浏览器是无法显示的，不过为了能够让这些字符能够显示出来，我们可以使用这些字符对应的转义字符来代替。在 JavaScript 中，常见的转义字符如表 2-8 所示。

表 2-8　　　　　　　　　　　常见的转义字符

转义字符	说明
\'	英文单引号
\"	英文双引号
\n	换行符

实际上，JavaScript 中的转义字符很多，但是我们只需要记住上面三种就可以了。此外还需要特别说明一下，对于字符串的换行，有两种情况。

- 如果是在 document.write() 中换行，则应该用
- 如果是在 alert() 中换行，则应该用 \n

下面分别对这两种情况进行举例。

举例：在 document.write() 中换行

```
<!DOCTYPE html>
<html>
<head>
    <title></title>
    <meta charset="utf-8" />
    <script>
        document.write(" 绿叶,<br/> 初恋般的感觉 ");
    </script>
```

```
</head>
<body>
</body>
</html>
```

浏览器预览效果如图 2-34 所示。

图2-34

举例：在 alert() 中换行

```
<!DOCTYPE html>
<html>
<head>
    <title></title>
    <meta charset="utf-8" />
    <script>
        alert("绿叶，\n初恋般的感觉");
    </script>
</head>
<body>
</body>
</html>
```

浏览器预览效果如图 2-35 所示。

图2-35

分析：

"\n"是转义字符，一般用于对话框文本的换行。这里如果用"
"就无法实现了。

2.8 注释

在 JavaScript 中，为一些关键代码注释是非常有必要的。注释的好处很多，比如方便理解、查找或方便项目组里的其他开发人员了解你的代码,而且也方便以后你对自己的代码进行修改。

2.8.1 单行注释

当注释的内容比较少,只有一行时,我们可以使用单行注释的方式。

语法:

```
// 单行注释
```

说明:

小伙伴们要特别注意一下,HTML、CSS 和 JavaScript 这三个的注释是不一样的。此外,并不是什么地方我们都要注释,一般只会对一些关键功能的代码进行注释。

举例:

```html
<!DOCTYPE html>
<html>
<head>
    <title></title>
    <meta charset="utf-8" />
    <style type="text/css">
        /* 这是 CSS 注释 */
        body{color:Red;}
    </style>
    <script>
        // 这是 JavaScript 注释(单行)
        document.write("绿叶,初恋般的感觉");
    </script>
</head>
<body>
    <!-- 这是 HTML 注释 -->
    <div></div>
</body>
</html>
```

浏览器预览效果如图 2-36 所示。

图2-36

分析:

我们从上面可以知道,被注释的内容是不会在浏览器中显示出来的。

2.8.2 多行注释

当注释的内容比较多，用一行表达不出来时，我们可以使用多行注释的方式。

语法：

```
/* 多行注释 */
```

说明：

有小伙伴可能会说，HTML、CSS、JavaScript 这三个的注释不一样，而 JavaScript 还分单行注释和多行注释，很难记住！其实我们不需要去死记，稍微留个印象就可以了，因为开发工具都会有代码高亮的提示功能。平常要是忘了的话，在编辑器中测试一下就知道了。

举例：

```
<!DOCTYPE html>
<html>
<head>
    <title></title>
    <meta charset="utf-8" />
    <script>
        /*
            这是JavaScript注释（多行）
            这是JavaScript注释（多行）
            这是JavaScript注释（多行）
        */
        document.write("绿叶，初恋般的感觉");
    </script>
</head>
<body>
    <div></div>
</body>
</html>
```

浏览器预览效果如图 2-37 所示。

图2-37

分析：

当然，如果注释的内容只有一行，我们也可以用多行注释的这种方式。

第03章 流程控制

3.1 流程控制简介

流程控制，是任何一门编程语言都有的一个语法。如果你学习 C 语言，或者学过 C#、Java 等，应该对"流程控制"很熟悉。所谓的流程控制，指的是控制程序按照怎样的顺序执行。

在 JavaScript 中，共有三种流程控制方式（其实任何语言也都只有这三种啦）。
- 顺序结构
- 选择结构
- 循环结构

3.1.1 顺序结构

在 JavaScript 中，顺序结构是最基本的结构。所谓顺序结构，就是代码按照从上到下、从左到右的"顺序"执行，流程如图 3-1 所示。

举例：

```
<!DOCTYPE html>
<html>
<head>
    <title></title>
```

```
        <meta charset="utf-8" />
        <script>
            var str1 = " 绿叶学习网 ";
            var str2 = "JavaScript";
            var str3 = str1 + str2;
            document.write(str3);
        </script>
    </head>
    <body>
    </body>
</html>
```

浏览器预览效果如图 3-2 所示。

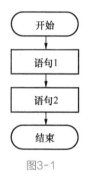

图3-1

图3-2

分析：

按照"从上到下、从左到右"的顺序，JavaScript 执行顺序如下。

- 第一步：执行 var str1 = "绿叶学习网"
- 第二步：执行 var str2 = "JavaScript"
- 第三步：执行 var str3 = str1 + str2
- 第四步：执行 document.write(str3)

JavaScript 一般情况下就是按照顺序结构来执行的。不过呢，在有些场合，我们单纯只用顺序结构就没法解决问题了。此时就需要引入选择结构和循环结构。

3.1.2 选择结构

在 JavaScript 中，选择结构指的是根据"条件判断"来决定使用哪一段代码。选择结构有单向选择、双向选择以及多向选择三种，但是无论是哪一种，JavaScript 都只会执行其中的一个分支，选择结构流程如图 3-3 所示。

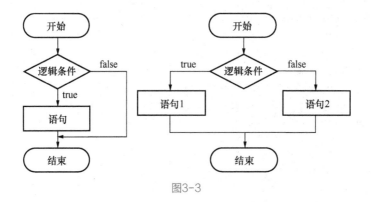

图3-3

3.1.3 循环结构

循环结构，指的是根据条件来判断是否重复执行某一段程序。若条件为 true，则继续循环；若条件为 false，则退出循环，循环结构流程如图 3-4 所示。

咦？怎么这三种流程控制的方式给人一种熟悉的感觉？没错，这些就是我们在高中数学学过的。下面我们来给大家介绍这三种方式在编程中是怎么用的。

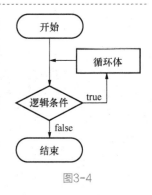

图3-4

3.2 选择结构：if

在 JavaScript 中，选择结构指的是根据"条件判断"来决定使用哪一段代码。选择结构有单向选择、双向选择以及多向选择三种，但不管是哪一种，JavaScript 只会执行其中的一个分支。

在 JavaScript 中，选择结构共有两种方式，一种是 if 语句，另外一种是 switch 语句。这一节我们先来介绍 if 语句。对于 if 语句，主要包括以下几种。

- 单向选择：if…
- 双向选择：if…else…
- 多向选择：if…else if…else…
- if 语句的嵌套

3.2.1 单向选择：if…

语法：

```
if(条件)
```

```
{
    ...
}
```

说明:

这个"条件"一般是一个比较表达式。如果"条件"返回为 true,则会执行"{}"内部的程序;如果"条件"返回为 false,则会直接跳过"{}"内部的程序,然后按照顺序来执行后面的程序。

在 JavaScript 中,由"{}"括起来的程序,我们称为"语句块"。语句块常用于选择结构、循环结构以及函数体中,JavaScript 把一个语句块看成是一个整体来执行。

举例:

```
<!DOCTYPE html>
<html>
<head>
    <title></title>
    <meta charset="utf-8" />
    <script>
        var score = 100;
        if (score > 60) {
            alert("那你很棒棒噢~");
        }
    </script>
</head>
<body>
</body>
</html>
```

浏览器预览效果如图 3-5 所示。

图3-5

分析:

由于变量 score 的值为 100,所以 score>60 返回 true,因此会执行"{}"内部的程序。

3.2.2 双向选择：if…else…

语法：

```
if(条件)
{
    ……
}
else
{
    ……
}
```

说明：

"if…else…"相对"if…"来说，仅仅是多了一个选择。当条件返回为 true 时，会执行 if 后面"{}"中的程序；当条件返回为 false 时，会执行 else 后面"{}"中的程序。

举例：

```
<!DOCTYPE html>
<html>
<head>
    <title></title>
    <meta charset="utf-8" />
    <script>
        var score = 100;
        if (score < 60) {
            alert(" 补考！ ");
        } else {
            alert(" 通过！ ");
        }
    </script>
</head>
<body>
</body>
</html>
```

浏览器预览效果如图 3-6 所示。

分析：

由于变量 score 的值为 100，而 score<60 返回 false，因此会执行 else 后面"{}"中的程序。

对于双向选择，我们是可以使用三目运算符来代替的，像上面这个例子，如果用三目运算符来写，实现代码如下。

举例：

```
<!DOCTYPE html>
```

图3-6

3.2 选择结构: if

```
<html>
<head>
    <title></title>
    <meta charset="utf-8" />
    <script>
        var score = 100;
        var result = (score < 60) ? "补考! " : "通过! ";
        alert(result);
    </script>
</head>
<body>
</body>
</html>
```

浏览器预览效果如图 3-7 所示。

图3-7

3.2.3 多向选择: if…else if…else…

多向选择,就是在双向选择的基础上增加多个选择分支。

语法:

```
if(条件1)
{
    //当条件1为true时执行的代码
}
else if(条件2)
{
    //当条件2为true时执行的代码
}
else
{
    //当条件1和条件2都为false时执行的代码;
}
```

说明:

多向选择语法看似很复杂,实质也是非常简单的,它只是在双向选择基础上再增加一个或多个选择分支罢了。小伙伴们对比一下这两个的语法格式就知道了。

举例：

```
<!DOCTYPE html>
<html>
<head>
    <title></title>
    <meta charset="utf-8" />
    <script>
        var time = 21;
        if (time < 12)
        {
            document.write(" 早上好！ ");// 如果小时数小于12则输出"早上好！"
        }
        else if (time > =12 && time < 18)
        {
            document.write(" 下午好！ ");    // 如果小时数大于等于12并且小于18，输出"下午好！"
        }
        else
        {
            document.write(" 晚上好！ ");    // 如果上面两个条件都不符合，则输出"晚上好！"
        }
    </script>
</head>
<body>
</body>
</html>
```

浏览器预览效果如图 3-8 所示。

图3-8

分析：

对于多向选择，我们会从第一个 if 开始判断，如果第一个 if 条件不满足，则判断第二个 if 条件……直到满足为止。一旦满足，就会退出整个 if 结构。

3.2.4 if语句的嵌套

在 JavaScript 中，if 语句是可以嵌套使用的。

语法：

```
if(条件1)
{
    if(条件2)
    {
        当"条件1"和"条件2"都为true时执行的代码
    }
    else
    {
        当"条件1"为true、"条件2"为false时执行的代码
    }
}
else
{
    if(条件2)
    {
        当"条件1"为false、"条件2"为true时执行的代码
    }
    else
    {
        当"条件1"和"条件2"都为false时执行的代码
    }
}
```

说明：

对于这种结构，我们不需要去刻意去记，只需要从外到内根据条件一个个去判断就可以了。

举例：

```
<!DOCTYPE html>
<html>
<head>
    <title></title>
    <meta charset="utf-8" />
    <script>
        var gendar = "女";
        var height = 172;
        if(gendar==" 男 ")
        {
            if(height>170)
            {
                document.write(" 高个子男生 ");
            }
```

```
                else
                {
                    document.write("矮个子男生");
                }
            }
            else
            {
                if (height > 170)
                {
                    document.write("高个子女生");
                }
                else
                {
                    document.write("矮个子女生");
                }
            }
        </script>
    </head>
    <body>
    </body>
</html>
```

浏览器预览效果如图 3-9 所示。

图3-9

分析：

在这个例子中，首先外层 if 语句的判断条件 gendar==" 男 " 返回 false，因此会执行 else 语句。然后我们可以看到 else 语句内部还有一个 if 语句，这个内层 if 语句的判断条件 height>170 返回 true，所以最终输出内容为"高个子女生"。

实际上，if 语句的嵌套也是很好理解的，说白了就是在 if 或 else 后面的"{}"内部再增加一层判断。对于 if 语句的嵌套，我们一层一层由外到内判断就可以了，就像剥洋葱一样，非常简单。我们再来一个例子，让小伙伴消化一下。

举例：

```html
<!DOCTYPE html>
<html>
<head>
    <title></title>
    <meta charset="utf-8" />
    <script>
        var x = 4;
        var y = 8;
        if (x < 5)
        {
            if (y < 5)
            {
                document.write("x 小于 5, y 小于 5");
            }
            else
            {
                document.write("x 小于 5, y 大于 5");
            }
        }
        else
        {
            if (y < 5)
            {
                document.write("x 大于 5, y 小于 5");
            }
            else
            {
                document.write("x 大于 5, y 大于 5");
            }
        }
    </script>
</head>
<body>
</body>
</html>
```

浏览器预览效果如图 3-10 所示。

图3-10

3.3 选择结构：switch

在 JavaScript 中，选择结构共有两种方式：①if 语句；②switch 语句。上一节我们介绍了 if 语句，这一节我们再来给大家介绍一下 switch 语句。

语法：

```
switch(判断值)
{
    case 取值1:
        语块1;break;
    case 取值2:
        语块3;break;
    ……
    case 取值n:
        语块n;break;
    default:
        语句块n+1;
}
```

说明：

从英文意思来看，switch 是"开关"，case 是"情况"，break 是"断开"，default 是"默认"。小伙伴们根据英文意思来理解就很容易了。

switch 语句会根据"判断值"来判断，然后来选择使用哪一个"case"。如果每一个 case 的取值都不符合，那就执行 default 的语句。还是先来看一个例子，这样理解快一点。

举例：

```
<!DOCTYPE html>
<html>
<head>
    <title></title>
    <meta charset="utf-8" />
    <script>
        var day = 3;
        var week;

        switch (day)
        {
            case 1:
                week = "星期一"; break;
            case 2:
                week = "星期二"; break;
            case 3:
                week = "星期三"; break;
            case 4:
```

3.3 选择结构：switch

```
            week = " 星期四 "; break;
        case 5:
            week = " 星期五 "; break;
        case 6:
            week = " 星期六 "; break;
        default:
            week = " 星期日 ";
        }
        document.write(" 今天是 " + week);      // 输出今天是星期几
    </script>
</head>
<body>
</body>
</html>
```

浏览器预览效果如图 3-11 所示。

分析：

在 switch 语句中，系统会从第一个 case 开始判断，直到找到满足条件的 case 退出，然后后面的 case 就不会执行了。

对于 switch 和 case，小伙伴都知道是怎么回事，却不太理解 break 和 default 有什么用。下面我们通过两个例子来理解一下。

图3-11

举例：break 语句

```
<!DOCTYPE html>
<html>
<head>
    <title></title>
    <meta charset="utf-8" />
    <script>
        var day = 5;
        var week;

        switch (day)
        {
        case 1:
            week = " 星期一 ";
        case 2:
            week = " 星期二 ";
        case 3:
            week = " 星期三 ";
        case 4:
            week = " 星期四 ";
```

```
                case 5:
                    week = "星期五";
                case 6:
                    week = "星期六";
                default:
                    week = "星期日";
            }
            document.write(week);    // 输出今天是星期几
        </script>
    </head>
    <body>
    </body>
</html>
```

浏览器预览效果如图 3-12 所示。

分析：

day 的值为 5，为什么最终输出的是"星期天"呢？其实，这就是缺少 break 语句的结果。

实际上，在 switch 语句中，首先判断 case 的值是否符合 day 的值。因为 day 的值为 5，因此会执行"case 5"这一分支。但是，由于没有在"case 5"后面加 break 语句，因此程序还会把后面的"case 6"以及"default"都执行了，后面 week 的值会覆盖前面 week 的值，因此最终输出的是"星期天"。

图3-12

break 语句用于结束 switch 语句，从而使 JavaScript 仅仅执行对应的一个分支。如果没有了 break 语句，则该 switch 语句中"对应的分支"被执行后，后面的分支还会继续被执行。因此，对于 switch 语句，一定要在每一个 case 语句后面加上 break 语句。

举例：default 语句

```
<!DOCTYPE html>
<html>
<head>
    <title></title>
    <meta charset="utf-8" />
    <script>
        var n = 10;

        switch (n)
        {
            case 1:
                document.write("你选择的数字是:1"); break;
            case 2:
                document.write("你选择的数字是:2"); break;
            case 3:
```

```
                document.write("你选择的数字是:3"); break;
            case 4:
                document.write("你选择的数字是:4"); break;
            case 5:
                document.write("你选择的数字是:5"); break;
            default:
                document.write("你选择的数字不在 1~5 之间");
        }
    </script>
</head>
<body>
</body>
</html>
```

浏览器预览效果如图 3-13 所示。

分析：

在这个例子中，我们使用 default 来定义默认情况，因此无论 n 的值是 10、12 还是 100，最终执行的也是 default 这一个分支。

此外，case 后面的取值不仅仅是数字，也可以是字符串。switch 语句在实际开发中是非常重要的，建议大家认真掌握。

图 3-13

3.4 循环结构：while

在 JavaScript 中，循环语句指的是在"满足某个条件下"循环反复地执行某些操作的语句。这就很有趣了，现在像"1+2+3+…+100""1+3+5+…+99"这种计算就可以轻松用程序实现了。

在 JavaScript 中，循环语句共有以下三种。
- while 语句
- do...while 语句
- for 语句

这一节，我们先来给大家介绍一下 while 语句的用法。

语法：

```
while(条件)
{
    // 当条件为 true 时，循环执行
}
```

说明：

如果"条件"返回为 true，则会执行"{}"内部的程序。当执行完"{}"内部的程序后，会再次判断"条件"。如果条件依旧还是 true，则会继续重复执行大括号中的程序……循环执行直到条件为 false 才结束整个循环，然后再接着执行 while 语句后面的程序。

举例：计算 1+2+3+…+100 的值

```html
<!DOCTYPE html>
<html>
<head>
    <title></title>
    <meta charset="utf-8" />
    <script>
        var n = 1;
        var sum = 0;

        // 如果n小于等于100，则会执行while循环
        while (n <= 100)
        {
            sum=sum+n;
            n=n+1;
        }
        document.write("1+2+3+…+100 = " + sum);
    </script>
</head>
<body>
</body>
</html>
```

浏览器预览效果如图 3-14 所示。

分析：

变量 n 用于递增（也就是不断加 1），初始值为 1。sum 用于求和，初始值为 0。对于 while 循环，我们逐步来给大家分析。

第一次执行 while 循环，sum=0+1，n=2；
第二次执行 while 循环，sum=0+1+2，n=3；
第三次执行 while 循环，sum=0+1+2+3，n=4；
……
第 100 次执行 while 循环，sum=0+1+…+100，n=101。

图3-14

记住，每一次执行 while 循环之前，我们都需要判断是否满足条件，如果满足，则继续执行 while 循环，如果不满足，则退出 while 循环。

当我们第 101 次执行 while 循环时，由于此时 n=101，而判断条件 n<=100 返回 false，此时 while 循环不再执行（也就是退出 while 循环）。由于退出了 while 循环，接下来就不会再循环执行 while 中的程序，而是执行 while 后面的 document.write() 了。

3.4 循环结构: while

举例: 计算 1+3+5+…+99 的值

```html
<!DOCTYPE html>
<html>
<head>
    <title></title>
    <meta charset="utf-8" />
    <script>
        var n = 1;
        var sum = 0;

        // 如果 n 小于 100, 则会执行 while 循环
        while (n < 100)
        {
            sum += n;    // 等价于 sum=sum+n;
            n += 2;      // 等价于 n=n+2;
        }
        document.write("1+3+5+…+99 = " + sum);
    </script>
</head>
<body>
</body>
</html>
```

浏览器预览效果如图 3-15 所示。

分析:

在这个例子中, while 循环的条件 "n < 100" 改为 "n<=99" 也是一样的, 因为两个条件是等价的。当然, 上一个例子 "n<=100" 其实也等价于 "n<101"。我们可以思考一下为什么?

此外, sum += n; 等价于 sum=sum+n;, 而 n+=2; 等价于 n=n+2;。在实际开发中, 我们一般使用简写形式, 所以大家一定要熟悉这种赋值运算符的简写形式。

图3-15

至于 while 循环是怎么进行的, 可以对比一下上一个例子的具体流程, 自己理清一下思路, 慢慢消化一下。对于 while 语句, 我们还需要特别注意以下两点。

- 循环内部的语句一定要用 "{}" 括起来, 即使只有一条语句。
- 循环内部中, 一定要有可以结合 "判断条件" 来让循环可以退出的语句, 一般来说都是 i++、i+=2 之类的。如果没有 "判断条件" 和 "退出语句", 循环就会一直运行下去, 变成一个 "死循环"。

举例:

```html
<!DOCTYPE html>
<html>
```

```
<head>
    <title></title>
    <meta charset="utf-8" />
    <script>
        while (true)
        {
            alert("绿叶,初恋般的感觉~")
        }
    </script>
</head>
<body>
</body>
</html>
```

浏览器预览效果如图 3-16 所示。

分析:

这就是最简单的"死循环",因为判断条件一直为 true,因此会一直执行 while 循环,然后会不断弹出对话框。小伙伴可以试一下,会发现没法停止对话框弹出。想要关闭浏览器,我们可以按下"Shift+Ctrl+Esc"打开任务管理器来关闭。

在实际开发中,我们一定要避免"死循环"的出现,因为这是很低级的错误。

图3-16

3.5 循环结构:do…while

在 JavaScript 中,除了 while 语句,我们还可以使用 do…while 语句来实现循环。

语法:

```
do
{
    …
}while(条件);
```

说明:

do…while 语句首先是无条件执行循环体一次,然后再判断是否符合条件。如果符合条件,则重复执行循环体;如果不符合条件,则退出循环。

do…while 语句跟 while 语句是非常相似的,并且任何一个都可以转换成等价的另外一个。

do…while 语句结尾处括号后有一个分号(;),该分号一定不能省略,这是初学者最容易忽略的一点,大家一定要记得。

举例:

```
<!DOCTYPE html>
```

```html
<html>
<head>
    <title></title>
    <meta charset="utf-8" />
    <script>
        var n = 1;
        var sum = 0;
        do
        {
            sum += n;
            n++;
        }while (n <= 100);
        document.write("1+2+3+…+100 = " + sum);
    </script>
</head>
<body>
</body>
</html>
```

浏览器预览效果如图 3-17 所示。

分析：

将这个例子与上一节的例子对比，我们可以总结出以下两点。

- while 语句和 do...while 语句是可以互相转换的，对于这两个，我们掌握其中一个就可以了。
- while 语句是 "先判断后循环"，do...while 语句是 "先循环后判断"，这是两者本质的区别。

图3-17

在实际开发中，我们一般都是用 while 语句，而不是用 do...while 语句，主要是 do...while 语句会先无条件执行一次循环，有时候用得不好的话，这个特点会导致执行了一次不该执行的循环。也就是说，我们只需要重点掌握 while 语句就可以了。

3.6 循环结构：for

在 JavaScript 中，除了 while 语句以及 do…while 语句，我们还可以使用 for 语句来实现循环。

语法：

```
for(初始化表达式；条件表达式；循环后操作)
{
    …
}
```

说明：

初始化表达式，一般用于定义 "用于计数的变量" 的初始值；条件表达式，表示退出循环的条件，类似 while 中的条件，如 n<100；循环后操作，指的是执行循环体（也就是"{}"中的程序）后的操作，类似于 while 中的 n++ 之类的。

对于初学者来说，仅仅看上面的语法是无法理解的，我们还是先来看一个例子。

举例：

```
<!DOCTYPE html>
<html>
<head>
    <title></title>
    <meta charset="utf-8" />
    <script>
        for(var i=0;i<5;i++ )
        {
            document.write(i+"<br/>");
        }
    </script>
</head>
<body>
</body>
</html>
```

浏览器预览效果如图 3-18 所示，其中分析图如图 3-19 所示。

图3-18

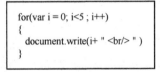
图3-19

分析：

在 for 循环中，首先定义一个用于计数的变量 i，i 的初始值为 0。然后定义一个判断条件 i<5，也就是说只要 i<5 就会执行 for 循环中的程序。最后定义一个循环后的表达式 i++，也就是说每次循环之后都会进行一次 i++。

- 第 1 次执行 for 循环

初始化：var i = 0；

判断：i<5（i 的值为 0，返回 true）

输出：0

更新：i++（执行后 i=1）

- 第 2 次执行 for 循环

判断：i<5（i 的值为 1，返回 true）

输出：1
更新：i++（执行后 i=2）
……

- 第 5 次执行 for 循环

判断：i<5（i 的值为 4，返回 true）
输出：4
更新：i++（执行后 i=5）

- 第 6 次执行 for 循环

判断：i<5（i 的值为 5，返回 false）。由于 i<5 返回 false，因此条件不满足，退出 for 循环。

当然，这个例子我们也可以使用 while 或者 do…while 来实现。因为程序是活的，不是死的，想要实现某一个功能，方式是多种多样的，我们要清楚这一点。

举例：

```
<!DOCTYPE html>
<html>
<head>
    <title></title>
    <meta charset="utf-8" />
    <script>
        for (var i = 2; i < 5; i++)
        {
            var str = "<p style='font-size:" + i * 5 + "px'>欢迎来到绿叶学习网 </p>";
            document.write(str);
        }
    </script>
</head>
<body>
</body>
</html>
```

浏览器预览效果如图 3-20 所示。

分析：

这里小伙伴要特别注意了，这里的 for 循环，变量 i 的初始值是 2 而不是 1。在循环体中，我们使用"拼接字符串"（也就是用加号拼接的方式）来构造一个"HTML 字符串"。大家好好琢磨一下这个例子，非常有用。

很多没有编程基础的初学者在 for 循环的学习中都会卡一下，对这种语法感到很难理解。语法记不住没关系，等你要用的时候，回来这里对着这几个例子"抄"过去，然后多写两次，自然就会了。

图3-20

3.7 训练题：判断一个数是整数，还是小数？

从前面的学习可以知道，对于一个"数字型字符串"，如果这个数字是整数，则 parseInt() 和 parseFloat() 两个方法返回的结果是一样的，例如 parseInt("2017") 返回 2017，parseFloat("2017") 返回 2017。如果这个数字是小数，则 parseInt() 和 parseFloat() 两个返回的结果是不一样的，例如 parseInt("3.14") 返回 3，而 parseFloat("3.14") 返回的是 3.14。

我们可以通过这个特点，来判断一个数是整数，还是小数。

举例：

```
<!DOCTYPE html>
<html>
<head>
    <title></title>
    <meta charset="utf-8" />
    <script>
        window.onload = function ()
        {
            var n = 3.14;
            if (parseInt(n.toString()) == parseFloat(n.toString))
            {
                document.write(n+ "是整数")
            }
            else
            {
                document.write(n + "是小数")
            }
        }
    </script>
</head>
<body>
</body>
</html>
```

浏览器预览效果如图 3-21 所示。

图3-21

3.8 训练题：找出"水仙花数"

所谓"水仙花数"是指一个三位数，其各位数字的立方和等于该数的本身。例如 153 就是一个水仙花数，因为 $153 = 1^3 + 5^3 + 3^3$。

举例：

```
<!DOCTYPE html>
<html>
<head>
    <title></title>
    <meta charset="utf-8" />
    <script>
        //定义一个空字符串，用来保存水仙花数
        var str = "";
        for (var i = 100; i < 1000; i++)
        {
            var a = i % 10;           //提取个位数
            var b = (i / 10) % 10     //提取十位数
            b = parseInt(b);          //舍弃小数部分
            var c = i / 100;          //提取百位数
            c = parseInt(c);          //舍弃小数部分

            if (i == (a * a * a + b * b * b + c * c * c))
            {
                str = str + i + "、";
            }
        }
        document.write("水仙花数有:" + str);
    </script>
</head>
<body>
</body>
</html>
```

浏览器预览效果如图 3-22 所示。

图3-22

第04章 初识函数

4.1 函数是什么？

很多书，一上来就介绍说"函数定义、函数参数、函数调用……"，然后就滔滔不绝地开始说函数的语法。小伙伴们几乎把函数这一章看完了，都不知道函数究竟是什么！

为了避免这种事情的发生，在讲解函数语法之前，我们先给大家介绍一下函数是什么。先来看一个段代码：

```html
<!DOCTYPE html>
<html>
<head>
    <title></title>
    <meta charset="utf-8" />
    <script>
        var sum = 0;
        for (var i = 1; i <= 50; i ++)
        {
            sum += i;
        }
        document.write("50 以内所有整数之和为:" + sum);
    </script>
```

```
    </head>
    <body>
    </body>
</html>
```

大家一看就知道上面这段代码实现的功能是：计算 50 以内所有整数之和。如果要分别计算 "50 以内所有整数之和" 以及 "100 以内所有整数之和"，那应该怎么实现呢？不少小伙伴很快就写下了以下代码：

```
<!DOCTYPE html>
<html>
<head>
    <title></title>
    <meta charset="utf-8" />
    <script>
        var sum1 = 0;
        for (var i = 1; i <= 50; i++)
        {
            sum1 += i;
        }
        document.write("50 以内所有整数之和为:" + sum1);
        document.write("<br/>");
        var sum2 = 0;
        for (var i = 1; i <= 100; i++)
        {
            sum2 += i;
        }
        document.write("100 以内所有整数之和为:" + sum2);
    </script>
</head>
<body>
</body>
</html>
```

那么如果要你分别实现 "50 以内、100 以内、150 以内、200 以内、250 以内" 所有整数之和，岂不是要重复写 5 次相同的代码？

为了减轻这种重复编码的负担，JavaScript 引入了函数的概念。如果我们想要实现上面五个范围内所有整数之和，用函数可以这样实现：

```
<!DOCTYPE html>
<html>
<head>
    <title></title>
    <meta charset="utf-8" />
    <script>
        // 定义函数
```

```
            function sum(n)
            {
                var m = 0;
                for (var i = 1; i <= n; i++)
                {
                    m += i;
                }
                document.write(n + " 以内所有整数之和为:" + m + "<br/>");
            }
            // 调用函数，计算 50 以内所有整数之和
            sum(50);
            // 调用函数，计算 100 以内所有整数之和
            sum(100);
            // 调用函数，计算 150 以内所有整数之和
            sum(150);
            // 调用函数，计算 200 以内所有整数之和
            sum(200);
            // 调用函数，计算 250 以内所有整数之和
            sum(250);
        </script>
    </head>
    <body>
    </body>
</html>
```

浏览器预览效果如图 4-1 所示。

分析：

对于这段代码，大家暂时看不懂没关系，学完这一章就懂了。从上面代码我们也可以看出，使用函数可以大量减少重复工作，这简直是编程的一大神器！

函数一般是用来实现某一种重复使用的功能，在需要该功能的时候，直接调用函数就可以了，而不需要编写一大堆重复的代码。并且在需要修改该函数功能的时候，也只需要修改和维护这一个函数就行，而不会影响其他代码。

图4-1

函数一般会在以下两种情况下使用：①需要重复使用；②特定功能。

在 JavaScript 中，如果我们想要使用函数，一般只需要简单两步。

- 定义函数
- 调用函数

4.2 函数的定义

在 JavaScript 中，函数可以分两种，一种是"没有返回值的函数"，另外一种就是

"有返回值的函数"。无论是哪一种函数，都必须使用 function 来定义的。

4.2.1 没有返回值的函数

没有返回值的函数，指的是函数执行完就算了，不会返回任何值。
语法：

```
function 函数名(参数1 , 参数2 ,..., 参数 n)
{
    …
}
```

说明：

在 JavaScript 中，函数是一个用"{}"括起来的、可重复使用的、具有特定功能的语句块。每一个函数，就是独立的语句块（看成一个整体）。用"{}"括起来的，我们称之为语句块，像 if、while、do…while、for 等语句中也有。对于语句块来说，我们都是把它当作整体来处理的。

函数跟变量是非常相似的，变量用 var 来定义，而函数用 function 来定义。变量需要取一个变量名，而函数也需要取一个函数名。

在定义函数的时候，函数名不要随便取，尽量取有意义的英文名，让人一看就知道你这个函数是干什么的。

对于函数的参数，是可以省略不写的，当然也可以是一个、两个或多个。如果是多个参数，则参数之间用英文逗号（,）隔开。此外，函数参数的个数，一般取决于实际开发的需要。

举例：

```
<!DOCTYPE html>
<html>
<head>
    <title></title>
    <meta charset="utf-8" />
    <script>
        // 定义函数
        function addSum(a,b)
        {
            var sum = a + b;
            document.write(sum);
        }
        // 调用函数
        addSum(1, 2);
    </script>
</head>
<body>
```

```
</body>
</html>
```

浏览器预览效果如图 4-2 所示，而分析图如图 4-3 所示。

图4-2

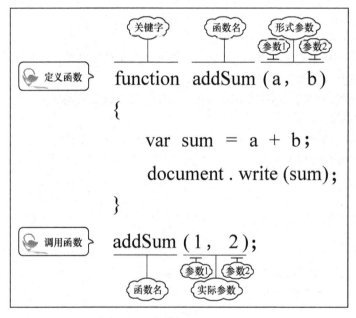

图4-3

分析：

这里我们使用 function 定义了一个名字为 "addSum" 的函数，这个函数用于计算任意两个数字之和。函数名可以随便取，不过一般取能够表示函数功能的英文名。

function addSum(a,b){…} 是函数的定义，这里的 a、b 是参数，也叫 "形参"。参数的名字也是随便取的。初学的小伙伴就会问了：怎么判断需要多少个参数啊？其实这很简单。由于这个函数用于计算任何两个数字之和，那肯定就是需要两个参数。

addSum(1,2) 是函数的调用，这里的 1、2 也是参数，叫做 "实参"。实际上，函数调用是对应于函数定义的，像 addSum(1,2) 就刚好对应于 addSum(a,b)，其中 1 对应 a，

2 对应 b，因此 addSum(1,2) 等价于：

```
function addSum(1,2)
{
    var sum = 1 + 2;
    document.write(sum);
}
```

也就是说，函数的调用，其实就是把"实参"（即 1 和 2）传递给"形参"（即 a 和 b），然后把函数执行一遍。

在这个例子中，我们可以改变函数调用的参数，也就是把 1 和 2 换成其他试试。此外，我们还需要说明一点：如果函数只有定义部分，却没有调用部分，这是一点意义都没有的。如果函数只定义不调用，则 JavaScript 就会自动忽略这个函数，也就是不会执行这个函数。函数只有调用的时候，才会被执行。

4.2.2　有返回值的函数

有返回值的函数，指的是函数执行完了之后，会返回一个值，这个返回值可以供我们使用。

语法：

```
function 函数名 ( 参数1 , 参数2 ,..., 参数n)
{
    ......
    return 返回值;
}
```

说明：

"有返回值的函数"相对"没有返回值的函数"来说，只多了一个 return 语句。return 语句就是用来返回一个结果。

举例：

```
<!DOCTYPE html>
<html>
<head>
    <title></title>
    <meta charset="utf-8" />
    <script>
        // 定义函数
        function addSum(a, b) {
            var sum = a + b;
            return sum;
        }
        // 调用函数
        var n = addSum(1, 2) + 100;
```

```
            document.write(n);
        </script>
    </head>
    <body>
    </body>
</html>
```

浏览器预览效果如图 4-4 所示。

图4-4

分析：

这里我们使用 function 定义了一个名为 addSum 的函数，这个函数跟之前那个例子的函数功能是一样的，也是用来计算任何两个数字之和。唯一不同的是，这个 addSum() 函数会返回相加的结果。

为什么要返回相加的结果呢？因为这个相加结果在后面要用啊！现在小伙伴也知道什么时候该用 return，什么时候不用 return 了吧？一般情况下，如果后面的程序需要用到函数的计算结果，就要用 return 返回；如果后面的程序不需要用到函数的计算结果，就不用 return 返回。

4.2.3 全局变量与局部变量

在 2.2 节我们知道了什么是变量。在 JavaScript 中，变量是有一定的作用域（也就是变量的有效范围）的。根据变量的作用域，我们可以分为以下两种。

- 全局变量
- 局部变量

全局变量一般在主程序中定义，其有效范围是从定义开始，一直到整个程序结束为止，即全局变量在任何地方都可以用。

局部变量一般在函数内定义，其有效范围只限于在函数内，函数执行完了就没了，即局部变量只能在函数内使用，函数外是不能使用函数内定义的变量的。

举例：

```
<!DOCTYPE html>
<html>
<head>
```

```
        <title></title>
        <meta charset="utf-8" />
        <script>
            var a = " 绿叶学习网 ";
            // 定义函数
            function getMes()
            {
                var b = a + "JavaScript";
                document.write(b);
            }
            // 调用函数
            getMes();
        </script>
    </head>
    <body>
    </body>
</html>
```

浏览器预览效果如图 4-5 所示。

图4-5

分析：

由于变量 a 是在主程序中定义的，因此它是全局变量，也就是在程序任何地方（包括函数内）都可以使用。由于变量 b 是在函数内部定义的，因此它是局部变量，也就是只限在 getMes() 函数内部使用。

举例：

```
<!DOCTYPE html>
<html>
<head>
    <title></title>
    <meta charset="utf-8" />
    <script>
        var a = " 绿叶学习网 ";
        // 定义函数
        function getMes()
        {
            var b = a + "JavaScript";
```

```
            }
            // 调用函数
            getMes();
            // 尝试使用函数内的变量b
            var str = "欢迎学习" + b;
            document.write(str);
        </script>
    </head>
    <body>
    </body>
</html>
```

浏览器预览效果如图 4-6 所示。

图4-6

分析：

咦，为什么没有内容呢？这是因为变量 b 是局部变量，只能在函数内使用，不能在函数外使用。如果我们想要在函数外使用函数内的变量，可以使用 return 语句返回该变量的值，实现代码如下。

举例：

```
<!DOCTYPE html>
<html>
<head>
    <title></title>
    <meta charset="utf-8" />
    <script>
        var a = "绿叶学习网";
        // 定义函数
        function getMes()
        {
            var b = a + "JavaScript";
            return b;
        }
        var str = "欢迎学习" + getMes();
        document.write(str);
```

```
            </script>
        </head>
        <body>
        </body>
</html>
```

浏览器预览效果如图 4-7 所示。

图4-7

4.3 函数的调用

如果一个函数仅仅被定义而没有被调用的话，则函数本身是不会执行的。我们都知道 JavaScript 代码是从上到下执行的，JavaScript 遇到函数定义部分会直接跳过（忽略掉），只有遇到函数调用才会返回去执行函数定义部分。也就是说，函数定义之后只有被调用才有意义。

在函数这个方面，JavaScript 跟其他编程语言（如 C、Java 等）有很大不一样。JavaScript 函数调用方式很多，常见有四种。
- 直接调用
- 在表达式中调用
- 在超链接中调用
- 在事件中调用

4.3.1 直接调用

直接调用，是常见的函数调用方式，一般用于"没有返回值的函数"。
语法：

```
函数名（实参1，实参2，… ，实参n）；
```

说明：
从外观上来看，函数调用与函数定义是非常相似的，大家可以对比一下。一般情况下，函数定义时有多少个参数，函数调用时就有多少个参数。
举例：

```
<!DOCTYPE html>
<html>
<head>
    <title></title>
    <meta charset="utf-8" />
    <script>
        // 定义函数
        function getMes()
        {
            document.write(" 绿叶学习网 ");
        }
        // 调用函数
        getMes();
    </script>
</head>
<body>
</body>
</html>
```

浏览器预览效果如图 4-8 所示。

分析：

可能有些小伙伴会有疑问：为什么这里的函数没有参数呢？其实函数不一定都有参数的，如果我们在函数体内不需要用到传递过来的数据，那么就不需要参数。有没有参数，或者有多少个参数，都是根据实际开发需求来决定的。

图4-8

4.3.2 在表达式中调用

在表达式中调用，一般用于"有返回值的函数"，然后函数的返回值会参与表达式的计算。

举例：

```
<!DOCTYPE html>
<html>
<head>
    <title></title>
    <meta charset="utf-8" />
    <script>
        // 定义函数
        function addSum(a, b)
        {
            var sum = a + b;
            return sum;
```

```
            }
            // 调用函数
            var n = addSum(1, 2) + 100;
            document.write(n);
        </script>
    </head>
    <body>
    </body>
</html>
```

浏览器预览效果如图 4-9 所示。

分析：

从 var n = addSum(1, 2) + 100; 这句代码可以看出，函数是在表达式中调用的。这种调用方式，一般只适用于有返回值的函数，然后函数的返回值会作为表达式的一部分参与运算。

图4-9

4.3.3 在超链接中调用

在超链接中调用，指的是在 a 元素的 href 属性中使用"javascript: 函数名"的形式来调用函数。当用户点击超链接时，就会调用该函数。

语法：

```
<a href="javascript: 函数名"></a>
```

举例：

```
<!DOCTYPE html>
<html>
<head>
    <title></title>
    <meta charset="utf-8" />
    <script>
        function expressMes()
        {
            alert("她: 我爱helicopter。\n我: oh~my, = =?!");
        }
    </script>
</head>
<body>
    <a href="javascript:expressMes()">表白对话 </a>
</body>
</html>
```

浏览器预览效果如图 4-10 所示。当我们点击了超链接之后，就会调用函数 expressMes()，预览效果如图 4-11 所示。

图4-10

图4-11

分析：

这里使用转义字符"\n"来实现 alert() 方法中文本的换行。alert() 和 document.write() 这两个方法的换行方式是不一样的，小伙伴可以翻一下 2.7 节。

4.3.4 在事件中调用

JavaScript 是基于事件的一门语言，像鼠标移动是一个事件、鼠标单击也是一个事件，类似的事件很多。当一个事件产生的时候，我们就可以调用某个函数来针对这个事件作出响应。

看到这里，估计不少小伙伴压根儿就不知道事件是什么。概念不理解、代码看不懂都没关系，我们只是先给大家讲一下有"在事件中调用函数"这么一回事，以便有个流程的学习思路。对于事件操作，我们在第 11 章再给大家详细介绍。

举例：

```
<!DOCTYPE html>
<html>
<head>
    <title></title>
    <meta charset="utf-8" />
    <script>
        function alertMes()
        {
            alert("绿叶，给你初恋般的感觉");
        }
    </script>
</head>
<body>
    <input type="button" onclick="alertMes()" value="提交" />
</body>
</html>
```

浏览器预览效果如图 4-12 所示。当我们点击"提交"按钮后，会弹出对话框，效果如图 4-13 所示。

图4-12

图4-13

分析：
这种在事件中调用函数，在后面我们会接触得非常多，这里简单了解一下即可。

4.4 嵌套函数

嵌套函数，简单来说，就是在一个函数的内部定义另外一个函数。不过在内部定义的函数只能在内部调用，如果在外部调用，就会出错。

举例：

```
<!DOCTYPE html>
<html>
<head>
    <title></title>
    <meta charset="utf-8" />
    <script>
        //定义阶乘函数
        function func(a)
        {
            //嵌套函数定义，计算平方值的函数
            function multi (x)
            {
                return x*x;
            }
            var m=1;
            for(var i=1;i<=multi(a);i++)
            {
                m=m*i;
            }
            return m;
        }
        //调用函数
        var sum =func(2)+func(3);
```

```
            document.write(sum);
        </script>
    </head>
    <body>
    </body>
</html>
```

浏览器预览效果如图 4-14 所示。

分析：

在这个例子中，我们使用了定义了一个函数 func，这个函数有一个参数 a。然后在 func() 内部定义了一个函数 multi()。其中，multi() 作为一个内部函数，只能在函数 func() 内部使用的。

对于 func(2)，我们把 2 作为实参传进去，此时 func(2) 等价于：

图4-14

```
function func(2)
{
    function multi(2)
    {
        return 2 * 2;
    }
    var m = 1;
    for (var i = 1; i <= multi(2) ; i++)
    {
        m = m * i;
    }
    return m;
}
```

从上面我们可以看出，func(2) 实现的是 1×2×3×4，也就是 4！。同理，func(3) 实现的是 1×2×…×9，也就是 9！。

嵌套函数功能是非常强大的，并且跟 JavaScript 最重要的一个概念"闭包"有着直接的关系。不过对于初学者来说，我们只需要知道有嵌套函数就行，不需要学会怎么用。对于函数高级部分的知识，可以关注绿叶学习网的 JavaScript 进阶教程。

▶4.5 内置函数

在 JavaScript 中，函数还可以分为"自定义函数"和"内置函数"。自定义函数，指的是需要我们自己定义的函数，前面学的就是自定义函数。内置函数，指的是 JavaScript 内部已经定义好的函数，也就是说我们不需要自己写函数体，直接调用就行了。如表 4-1 所示。

表 4-1　　　　　　　　　　　　　内置函数

函数	说明
parseInt()	提取字符串中的数字，只限提取整数
parseFloat()	提取字符串中的数字，可以提取小数
isFinite()	判断某一个数是否是一个有限数值
isNaN()	判断一个数是否是 NaN 值
escape()	对字符串进行编码
unescape()	对字符串进行解码
eval()	把一个字符串当做一个表达式去执行

JavaScript 的内置函数非常多，但是大部分都是用不上的。比较重要的是 parseInt() 和 parseFloat()，这两个我们在 2.6 节已经介绍过了。我们不需要深入了解其他内置函数，也不需要记忆。如果在实际开发需要用，上网搜索一下就行。

4.6　训练题：判断某一年是否为闰年

闰年的判断条件有以下两个。

- 对于普通年，如果能被 4 整除且不能被 100 整除的是闰年。
- 对于世纪年，能被 400 整除的是闰年。

举例：

```
<!DOCTYPE html>
<html>
<head>
    <title></title>
    <meta charset="utf-8" />
    <script>
        // 定义函数
        function isLeapYear(year)
        {
            // 判断闰年的条件
            if ((year % 4 == 0) && (year % 100 != 0) || (year % 400 == 0))
            {
                return year + "年是闰年";
            }
            else
            {
                return year + "年不是闰年";
            }
        }
        // 调用函数
        document.write(isLeapYear(2017));
```

```
            </script>
        </head>
        <body>
        </body>
        </html>
```

浏览器预览效果如图 4-15 所示。

图4-15

4.7 训练题：求出任意五个数最大值

想要求出多个数中的最大值，很简单，定义一个变量，然后每比较两个数后，较大的数赋值给变量就可以了。

举例：

```
<!DOCTYPE html>
<html>
<head>
    <title></title>
    <meta charset="utf-8" />
    <script>
        function getMax(a,b,c,d,e) {
            var maxNum;
            maxNum = (a > b) ? a : b;
            maxNum = (maxNum > c) ? maxNum : c;
            maxNum = (maxNum > d) ? maxNum : d;
            maxNum = (maxNum > e) ? maxNum : e;
            return maxNum;
        }
        document.write("5个数中的最大值为:" + getMax(3, 9, 1, 12, 50));
    </script>
</head>
<body>
</body>
</html>
```

浏览器预览效果如图 4-16 所示。

图4-16

分析：
这个例子只是让大家熟悉一下函数的使用。在实际开发中，如果想求一组数中的最大值或最小值，我们更倾向于使用后面章节介绍的两种方法：①数组对象的 sort() 方法；② Math 对象的 max() 和 min() 方法。

第05章 字符串对象

5.1 内置对象简介

在 JavaScript 中，对象是非常重要的知识点。对象可以分为两种：一种是"自定义对象"，另外一种是"内置对象"。自定义对象，指的是需要我们自己定义的对象，跟"自定义函数"是一样的道理；内置对象，指的是不需要我们自己定义（即系统已经定义好）的、可以直接使用的对象，跟"内置函数"也是一样的道理。

在初学阶段，我们先来学习内置对象，然后在进阶的时候再去学习自定义对象。。在 JavaScript 中，常用的内置对象有四种。

- 字符串对象：String
- 数组对象：Array
- 日期对象：Date
- 数值对象：Math

这四个对象都有非常多的属性和方法，我们只给大家讲解最实用的，这样可以大幅度地提高小伙伴们的学习效率。实际上，任何一门 Web 技术知识点都是非常多的，但是我们并不需要把所有知识点都记住，只需记住常用的就可以了。大部分东西我们都可以把它们列为"可翻阅知识"（也就是不需要记忆，等到需要的时候再回来翻看）。

在这一章中，我们先来学习一下字符串对象的常用属性和方法。

5.2 获取字符串长度

在 JavaScript 中，我们可以使用 length 属性来获取字符串的长度。
语法：

```
字符串名.length
```

说明：

调用对象的属性，我们用的是"."运算符。"."可以理解为"的"，例如 str.length 可以看成是"str 的 length（长度）"。

字符串对象的属性有好几个，不过我们要掌握的也只有 length 这一个。获取字符串长度在实际开发中用得是非常多的。

举例：

```
<!DOCTYPE html>
<html>
<head>
    <title></title>
    <meta charset="utf-8" />
    <script>
        var str = "I love lvye!";
        document.write("字符串长度是:" + str.length);
    </script>
</head>
<body>
</body>
</html>
```

浏览器预览效果如图 5-1 所示。

图5-1

分析：

对于 str 这个字符串，小伙伴数来数去都觉得它的长度应该是 10，怎么输出结果是 12 呢？其实空格本身也被作为一个字符来处理的，这一点我们很容易忽略掉。

举例：

```
<!DOCTYPE html>
```

```html
<html>
<head>
    <title></title>
    <meta charset="utf-8" />
    <script>
        function getLength(n)
        {
            var str = n + "";
            return str.length;
        }

        var result = "5201314是" + getLength(5201314) + "位数";
        document.write(result);
    </script>
</head>
<body>
</body>
</html>
```

浏览器预览效果如图 5-2 所示。

图5-2

分析：
这里我们定义了一个函数 getLenth() 来获取任意一个数字的长度。

5.3 大小写转换

在 JavaScript 中，我们可以使用 toLowerCase() 方法将大写字符串转化为小写字符串，也可以使用 toUpperCase() 方法将小写字符串转化为大写字符串。

语法：

```
字符串名.toLowerCase()
字符串名.toUpperCase()
```

说明：
调用对象的属性，我们用的也是"."运算符。不过属性和方法不太一样，方法后面需要加上"()"（即小括号），而属性则不需要。

JavaScript 还有两种大小写转换的方法：toLocalLowerCase() 和 toLocalUpperCase()。不过这两个方法基本用不上，我们可以直接忽略。

举例：

```
<!DOCTYPE html>
<html>
<head>
    <title></title>
    <meta charset="utf-8" />
    <script>
        var str = "Hello Lvye!";
        document.write("正常：" + str + "<br/>");
        document.write("小写：" + str.toLowerCase() + "<br/>");
        document.write("大写：" + str.toUpperCase());
    </script>
</head>
<body>
</body>
</html>
```

浏览器预览效果如图 5-3 所示。

图5-3

5.4 获取某一个字符

在 JavaScript 中，我们可以使用 charAt() 方法来获取字符串中的某一个字符。

语法：

```
字符串名.charAt(n)
```

说明：

n 是整数，表示字符串中第 n+1 个字符。注意，字符串第 1 个字符的下标是 0，第 2 个字符的下标是 1，…，第 n 个字符的下标是 n-1，以此类推。这一点跟后面学到的数组下标是一样的。

举例：获取某一个字符

```
<!DOCTYPE html>
```

```
<html>
<head>
    <title></title>
    <meta charset="utf-8" />
    <script>
        var str = "Hello lvye!";
        document.write("第1个字符是:" + str.charAt(0) + "<br/>");
        document.write("第7个字符是:" + str.charAt(6));
    </script>
</head>
<body>
</body>
</html>
```

浏览器预览效果如图 5-4 所示。

图5-4

分析:
在字符串中,空格也是作为一个字符来处理。

举例:找出字符串中小于某个字符的所有字符

```
<!DOCTYPE html>
<html>
<head>
    <title></title>
    <meta charset="utf-8" />
    <script>
        var str = "how are you doing？";
        //定义一个空字符串,用来保存字符
        var result = "";

        for (var i = 0; i < str.length; i++)
        {
            if (str.charAt(i) < "s")
            {
                result += str.charAt(i) + ",";
            }
```

```
        }
        document.write(result);
    </script>
</head>
<body>
</body>
</html>
```

浏览器预览效果如图 5-5 所示。

图5-5

分析：

在这里，我们初始化两个字符串：str、result。str 表示原始字符串。而 result 是一个空字符串，用于保存结果。我们在 for 循环遍历 str，用 charAt() 方法获取当前字符，然后与 "s" 比较。如果当前字符小于 "s"，则保存到 result 中去。

两个字符之间比较的是 ASCII 码的大小。对于 ASCII 码，请小伙伴们自行搜索了解一下，这里就不展开介绍了。注意，空格在字符串中也是被当做一个字符来处理的。

5.5 截取字符串

在 JavaScript 中，我们可以使用 substring() 方法来截取字符串的某一部分。
语法：

```
字符串名.substring(start, end)
```

说明：

start 表示开始位置，end 表示结束位置。start 和 end 都是整数，一般都是从 0 开始，其中，end 大于 start。

substring(start,end) 截取范围为：[start,end)，也就是包含 start 不包含 end。其中，end 可以省略。当 end 省略时，截取的范围为：start 到结尾字符。

举例：

```
<!DOCTYPE html>
<html>
<head>
```

```
        <title></title>
        <meta charset="utf-8" />
        <script>
            var str1 = " 绿叶，给你初恋般的感觉 ";
            var str2 = str1.substring(5, 7);
            document.write(str2);
        </script>
    </head>
    <body>
    </body>
</html>
```

浏览器预览效果如图 5-6 所示。

分析：

使用 substring(start, end) 方法，截取的时候，表示从 start 开始（包括 start），到 end 结束（不包括 end），也就是 [start,end)。一定要注意，截取的下标是从 0 开始的，也就是说 0 表示第 1 个字符，1 表示第 2 个字符，…，n 表示第 n+1 个字符。字符串操作来说，凡是涉及下标，都是从 0 开始，这一点跟下一章数组的下标是一样的。这个例子分析如图 5-7 所示。

图5-6

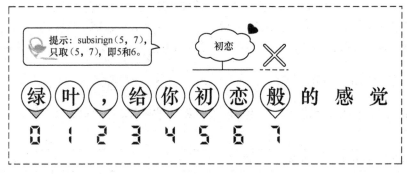

图5-7

举例：

```
<!DOCTYPE html>
<html>
<head>
    <title></title>
    <meta charset="utf-8" />
    <script>
        var str1 = " 绿叶学习网 JavaScript 教程 ";
        var str2 = str1.substring(5, 15);
```

```
            document.write(str2);
        </script>
    </head>
<body>
</body>
</html>
```

浏览器预览效果如图 5-8 所示。

图5-8

分析：

当我们把 substring(5, 15) 改为 substring(5) 后，此时预览效果如图 5-9 所示。

图5-9

5.6 替换字符串

在 JavaScript 中，我们可以使用 replace() 方法来用一个字符串替换另外一个字符串的某一部分。

语法：

```
字符串名.replace(原字符串，替换字符串)
字符串名.replace(正则表达式，替换字符串)
```

说明：

replace() 方法有两种使用形式，一种是直接使用字符串来替换，另外一种是使用正则表达式来替换。不管是哪种形式，"替换字符串"都是第二个参数。下面分别对这两种形式进行举例。

举例：使用替换字符串

```
<!DOCTYPE html>
<html>
<head>
    <title></title>
    <meta charset="utf-8" />
    <script>
        var str = "I love javascript!";
        var str_new = str.replace("javascript", "lvye");
        document.write(str_new);
    </script>
</head>
<body>
</body>
</html>
```

浏览器预览效果如图 5-10 所示。

图5-10

分析：

str.replace("javascript","lvye") 表示用 "lvye" 替换 str 中的 "javascript"。

举例：使用正则表达式

```
<!DOCTYPE html>
<html>
<head>
    <title></title>
    <meta charset="utf-8" />
    <script>
        var str = "I am loser, you are loser, all are loser.";
        var str_new = str.replace(/loser/g, "hero");
        document.write(str_new);
    </script>
</head>
<body>
```

```
</body>
</html>
```

浏览器预览效果如图 5-11 所示。

图5-11

分析：

str.replace(/loser/g, "hero") 表示使用正则表达式 "/loser/g" 结合替换字符串 "hero"，来将字符串 str 中的所有 "loser" 字符替换成 "hero"。

有些小伙伴会觉得 str.replace(/loser/g, "hero") 不就等价于 str.replace("loser", "hero") 吗？其实这两个是不一样的，大家可以测试一下。前者会替换所有的 "loser"，而后者只会替换第一个 "loser"。

在实际开发中，当我们直接使用字符串无法实现时，记得考虑使用正则表达式。正则表达式比较复杂，如果想要深入了解，可以看一下绿叶学习网的在线正则表达式教程。由于内容过多，这里就不详细展开了。

5.7 分割字符串

在 JavaScript 中，我们可以使用 split() 方法把一个字符串分割成一个数组，这个数组存放的是原来字符串的所有字符片段。有多少个片段，数组元素个数就是多少。

这一节由于涉及到数组对象，所以建议小伙伴们跳过这一节，等学习了第 6 章再返回来看这一节。小伙伴们在学任何技术时，发现有些东西看不懂，继续学下去就对了。学到后面，知识就串起来了，然后返回来再看，之前纠结半天不懂的知识突然就懂了。这跟我们一直强调这本书至少要看两遍的道理是一样的。

语法：

```
字符串名.split("分割符")
```

说明：

分割符可以是一个字符、多个字符或一个正则表达式。此外，分割符并不作为返回数组元素的一部分。

还是先看一个例子来得直观些。

举例：

```
<!DOCTYPE html>
<html>
<head>
    <title></title>
    <meta charset="utf-8" />
    <script>
        var str = "HTML,CSS,JavaScript";
        var arr = str.split(",");

        document.write(" 数组第1个元素是:" + arr[0] + "<br/>");
        document.write(" 数组第2个元素是:" + arr[1] + "<br/>");
        document.write(" 数组第3个元素是:" + arr[2]);
    </script>
</head>
<body>
</body>
</html>
```

浏览器预览效果如图5-12所示。

分析：

str.split(",") 表示使用英文逗号作为分割符，然后来分割 str 这个字符串，最后会得到一个数组 ["HTML","CSS","JavaScript"]。我们再把这个数组赋值给变量 arr 保存起来。

可能就有人问了：为什么分割字符串之后，系统会让这个字符串转换成一个数组？其实这是因为转换成数组之后，我们才能用到数组的方法来更好地进行操作。

图5-12

上面这个例子，也可以使用 for 循环来输出，实现代码如下。

```
var str = "HTML,CSS,JavaScript";
var arr = str.split(",");
for (var i = 0; i < arr.length; i++)
{
    document.write(" 数组第" + (i + 1) + "个元素是:" + arr[i] + "<br/>");
}
```

举例：str.split(" ")（有空格）

```
<!DOCTYPE html>
<html>
<head>
    <title></title>
    <meta charset="utf-8" />
```

```
<script>
    var str = "I love lvye";
    var arr = str.split(" ");

    document.write("数组第1个元素是:" + arr[0] + "<br/>");
    document.write("数组第2个元素是:" + arr[1] + "<br/>");
    document.write("数组第3个元素是:" + arr[2]);
</script>
</head>
<body>
</body>
</html>
```

浏览器预览效果如图 5-13 所示。

图5-13

分析：

str.split(" ") 表示用空格来分割字符串。str.split(" ")（有空格）是带有一个字符的字符串。str.split("")（无空格）是一个带有 0 个字符的字符串，也叫空字符串。两者是不一样的，我们可以通过下面这个例子对比一下。

举例：str.split("")（无空格）

```
<!DOCTYPE html>
<html>
<head>
    <title></title>
    <meta charset="utf-8" />
    <script>
        var str = "lvye";
        var arr = str.split("");
        document.write("数组第1个元素是:" + arr[0] + "<br/>");
        document.write("数组第2个元素是:" + arr[1] + "<br/>");
        document.write("数组第3个元素是:" + arr[2] + "<br/>");
        document.write("数组第4个元素是:" + arr[3] + "<br/>");
    </script>
</head>
```

```
<body>
</body>
</html>
```

浏览器预览效果如图 5-14 所示。

分析：

注意，split(" ") 和 split("") 是不一样的！前者两个引号之间是有空格的，所以表示用空格作为分割符来分割。后者两个引号之间是没有空格的，所以可以用来分割字符串每一个字符。这个技巧非常棒，也用得很多，小伙伴们可以记一下。

图5-14

实际上，split() 方法是有两个参数的，第一个参数表示分割符，第二个参数表示获取分割之后截取的前 N 个元素。不过第二个参数我们很少用，了解一下即可。

举例：split() 方法带参数

```
<!DOCTYPE html>
<html>
<head>
    <title></title>
    <meta charset="utf-8" />
    <script>
        var str = "2017-03-15-08-30";
        var arr = str.split("-", 3);
        document.write(arr);
    </script>
</head>
<body>
</body>
</html>
```

浏览器预览效果如图 5-15 所示。

图5-15

只有我们学了"字符串对象"和"数组对象"，才会真正掌握 split() 方法。数组

join() 方法一般都是配合字符串的 split() 方法来使用的。

5.8 检索字符串的位置

在 JavaScript 中，可以使用 indexOf() 方法来找出"某个指定字符串"在字符串中"首次出现"的下标位置，也可以使用 lastIndexOf() 来找出"某个指定字符串"在字符串中"最后出现"的下标位置。

语法：

```
字符串名 .indexOf( 指定字符串 )
字符串名 .lastIndexOf( 指定字符串 )
```

说明：

如果字符串中包含"指定字符串"，indexOf() 就会返回指定字符串首次出现的下标，而 lastIndexOf() 就会返回指定字符串最后出现的下标；如果字符串中不包含"指定字符串"，indexOf() 或 lastIndexOf() 就会返回 -1。

举例：

```
<!DOCTYPE html>
<html>
<head>
    <title></title>
    <meta charset="utf-8" />
    <script>
        var str = "Hello Lvye!";
        document.write(str.indexOf("lvye") + "<br/>");
        document.write(str.indexOf("Lvye") + "<br/>");
        document.write(str.indexOf("Lvyer"));
    </script>
</head>
<body>
</body>
</html>
```

在浏览器预览效果如图 5-16 所示。

分析：

对于 str.indexOf("lvye")，由于 str 不包含 "lvye"，所以返回 -1。

对于 str.indexOf("Lvye")，由于 str 包含 "Lvye"，所以返回"Lvye"首次出现的下标位置。

对于 str.indexOf("Lvyer")，由于 str 不包含 "Lvyer"，所以返回 -1。特别注意一下，str 包含 "Lvye"，但不包含 "Lvyer"。

在实际开发中，indexOf() 用得非常多，我们要重点掌

图 5-16

握一下。对于检索字符串，除了 indexOf() 这个方法外，JavaScript 还为我们提供了另外两种方法：match() 和 search()。不过三种方法都大同小异，我们只需要掌握 indexOf() 就够用了。为了减轻记忆负担，match() 和 search() 我们可以忽略掉。

举例：

```
<!DOCTYPE html>
<html>
<head>
    <title></title>
    <meta charset="utf-8" />
    <script>
        var str = "Hello Lvye!";
        document.write("e首次出现的下标是：" + str.indexOf("e") + "<br/>");
        document.write("e最后出现的下标是：" + str.lastIndexOf("e"));
    </script>
</head>
<body>
</body>
</html>
```

浏览器预览效果如图 5-17 所示。

图5-17

分析：
indexOf() 和 lastIndexOf() 不仅可以用于检索字符串，还可以用于检索单个字符。

5.9 训练题：删除字符串中的某一个字符

下面我们来尝试用这一章学到的方法来删除字符串中的某一个字符串，如把 "Hello Lvye" 中所有的 "e" 删除。

举例：

```
<!DOCTYPE html>
<html>
<head>
    <title></title>
    <meta charset="utf-8" />
```

```
        <script>
            var str = "Hello Lvye!";
            //定义一个变量result,用来保存结果
            var result = "";

            for(var i=0;i<str.length;i++)
            {
                if (str.charAt(i) != "e")
                {
                    result += str.charAt(i);
                }
            }
            document.write(result);
        </script>
    </head>
    <body>
    </body>
</html>
```

浏览器预览效果如图 5-18 所示。

图5-18

分析：

我们使用 for 循环来遍历字符串中的每一个字符，在循环中使用 charAt() 方法取出一个字符，然后与"e"比较，如果不相等，则将当前取出的字符保存到变量 result 中去。

5.10 训练题：找出字符串中的某一个字符串

找出字符串 "Can you can a can as a Canner can can a can" 中找出所有 c 的个数，不区分大小写。

举例：

```
<!DOCTYPE html>
<html>
<head>
```

```
            <title></title>
            <meta charset="utf-8" />
            <script>
                var str = "Can you can a can as a Canner can can a can";
                var n = 0;

                for(var i=0;i<str.length;i++)
                {
                    var char = str.charAt(i);
                    // 将每一个字符转换为小写，然后判断是否与 "c" 相等
                    if (char.toLowerCase() == "c") {
                        n += 1;
                    }
                }
                document.write(" 字符串中含有" + n + "个字母c");
            </script>
        </head>
        <body>
        </body>
    </html>
```

浏览器预览效果如图 5-19 所示。

图5-19

5.11 训练题：统计字符串中数字的个数

给大家一个任意字符串，然后统计一下里面有多少个数字。实现方法很简单，使 for 循环结合 charAt() 方法来获取字符串中的每一个字符，然后判断该字符是否是数字就行。

举例：

```
<!DOCTYPE html>
<html>
<head>
    <title></title>
    <meta charset="utf-8" />
```

```
<script>
    function getNum(str) {
        var num = 0;
        for (var i = 0; i < str.length; i++) {
            var char = str.charAt(i);
            //isNaN() 对空格字符会转化为 0，需要加个判断 charAt(i) 不能为空格
            if (char != " " && !isNaN(char)) {
                num++;
            }
        }
        return num;
    }
    document.write(getNum("1d3sdsg"));
</script>
</head>
<body>
</body>
</html>
```

浏览器预览效果如图 5-20 所示。

图5-20

分析：

在 JavaScript 中，我们可以使用 isNaN() 函数来判断一个值是否 NaN 值。NaN，也就是"Not a Numer（非数字）"的意思。如果该值不是数字，则返回 true；如果该值是数字，则返回 false。注意这里用的是 !isNaN()，而不是 isNaN()。isNaN() 函数是一个内置函数，用得不多，我们简单了解一下即可。

第06章 数组对象

6.1 数组是什么?

在之前的学习中,我们知道:一个变量可以存储一个值。例如,如果想要存储一个字符串 "HTML",可以这样写:

```
var str = "HTML";
```

如果我让你使用变量来存储五个字符串:"HTML"、"CSS"、"JavaScript"、"jQuery"、"Vue.js"。这个时候,很多人会这样写:

```
var str1 = "HTML";
var str2 = "CSS";
var str3 = "JavaScript";
var str4 = "jQuery";
var str5 = "Vue.js";
```

写完之后,是不是觉得非常繁琐呢?假如我让你存储十几个甚至几十个字符串,那你岂不是每个字符串都要定义一个变量?跟之前"6.1 函数是什么"是一样的道理,要是采用这种低级重复的语法,我们这些程序员早晚会累死。

在 JavaScript 中,我们可以使用"数组"来存储一组"相同数据类型"(一般情况下)的数据。数组是"引用数据类型",区别于我们在 2.3 节介绍的"基本数据类型"。两者的区别在于基本数据类型只有一个值,而引用数据类型可以含有多个值。

我们再回到例子中，像上面的一堆变量，使用数组实现如下。

```
var arr = new Array("HTML","CSS","JavaScript","jQuery","ASP.NET");
```

简单来说，我们可以用一个数组来保存多个值。如果想要得到数组的某一项，如"JavaScript"这一项，我们可以使用 arr[2] 来获取。这些语法，我们在接下来这几节会详细介绍。

6.2 数组的创建

在 JavaScript 中，我们可以使用 new 关键字来创建一个数组。创建数组，常见有两种形式，一种是"完整形式"，另外一种是"简写形式"。

语法：

```
var 数组名 = new Array(元素1, 元素2, ……, 元素n);   // 完整形式
var 数组名 = [元素1, 元素2, ……, 元素n];              // 简写形式
```

说明：

简写形式，是使用"[]"括起来的。它其实就是一种快捷方式，在编程语言中一般又叫作"语法糖"。

在实际开发中，我们更倾向于使用简写形式来创建一个数组。

```
var arr = [];                                    // 创建一个空数组
var arr = ["HTML","CSS", "JavaScript"];          // 创建一个包含3个元素的数组
```

6.3 数组的获取

在 JavaScript 中，想要获取数组某一项的值，我们都是使用"下标"的方式来获取。

```
var arr = ["HTML","CSS", "JavaScript"];
```

上面表示创建了一个名为 arr 的数组，该数组中有三个元素（都是字符串）："HTML"、"CSS"、"JavaScript"。如果我们想要获取 arr 某一项的值，就可以使用下标的方式来获取。其中，arr[0] 表示获取第一项的值，也就是 "HTML"。arr[1] 表示获取第二项的值，也就是 "CSS"，以此类推。

这里要重点说一下：**数组的下标是从 0 开始的，而不是从 1 开始的。**

举例：

```
<!DOCTYPE html>
<html>
<head>
    <title></title>
    <meta charset="utf-8" />
    <script>
        // 创建数组
        var arr = ["中国", "广东", "广州", "天河", "暨大"];
        document.write(arr[3]);
```

```
        </script>
    </head>
    <body>
    </body>
</html>
```

浏览器预览效果如图 6-1 所示。

分析:

arr[3] 表示获取数组 arr 的第四个元素,而不是第三个元素!分析如图 6-2 所示。

图6-1

[" 中国 " , " 广东 " , " 广州 " , " 天河 " , " 暨大 "]
arr[0]　　arr[1]　　arr[2]　　arr[3]　　arr[4]

图6-2

6.4 数组的赋值

我们知道了如何获取数组的某一项的值,如果想要给某一个项赋一个新的值,或者给数组多增加一项,这个该怎么做呢?其实也是通过数组下标来实现的。

语法:

```
arr[i] = 值;
```

举例:

```
<!DOCTYPE html>
<html>
<head>
    <title></title>
    <meta charset="utf-8" />
    <script>
        // 创建数组
        var arr = ["HTML", "CSS", "JavaScript"];
        arr[2] = "jQuery";
        document.write(arr[2]);
    </script>
</head>
<body>
</body>
</html>
```

浏览器预览效果如图 6-3 所示。

图6-3

分析：

在这里，arr[2]="jQuery" 表示给 arr[2] 重新赋值为 "jQuery"，也就是 "JavaScript" 被替换成了 "jQuery"。此时，数组 arr 为 ["HTML", "CSS", "jQuery"]。由于之前 arr[2] 值已经被覆盖，所以 arr[2] 最终输出结果为 "jQuery"。

举例：

```
<!DOCTYPE html>
<html>
<head>
    <title></title>
    <meta charset="utf-8" />
    <script>
        // 创建数组
        var arr = ["HTML", "CSS", "JavaScript"];
        arr[3] = "jQuery";
        document.write(arr);
    </script>
</head>
<body>
</body>
</html>
```

浏览器预览效果如图 6-4 所示。

图6-4

分析:

一开始,数组 arr 只有三项:arr[0]、arr[1]、arr[2]。由于我们使用了 arr[3] = "jQuery",所有 arr 就多增加了一项。因此 arr 最终为 ["HTML", "CSS", "JavaScript","jQuery"]。

6.5 获取数组长度

在 JavaScript 中,我们可以使用 length 属性来获取数组的长度。

语法:

```
数组名.length
```

说明:

数组的属性有好几个,不过我们只需要掌握 length 这一个就够了,其他暂时不需要去了解。

举例:

```html
<!DOCTYPE html>
<html>
<head>
    <title></title>
    <meta charset="utf-8" />
    <script>
        // 创建数组
        var arr1 = [];
        var arr2 = [1, 2, 3, 4, 5, 6];

        // 输出数组长度
        document.write(arr1.length + "<br/>");
        document.write(arr2.length);
    </script>
</head>
<body>
</body>
</html>
```

浏览器预览效果如图 6-5 所示。

图6-5

分析：

var arr1 = [];表示创建一个名为 arr1 的数组，由于数组内没有任何元素，所以数组长度为 0，也就是 arr1.length 为 0。

举例：

```
<!DOCTYPE html>
<html>
<head>
    <title></title>
    <meta charset="utf-8" />
    <script>
        // 创建数组
        var arr = [];
        arr[0] = "HTML";
        arr[1] = "CSS";
        arr[2] = "JavaScript";

        // 输出数组长度
        document.write(arr.length);
    </script>
</head>
<body>
</body>
</html>
```

浏览器预览效果如图 6-6 所示。

图6-6

分析：

在这里，我们首先使用 var arr = [];创建了一个名为 arr 的数组，此时数组长度为 0。但是后面我们又用 arr[0]、arr[1]、arr[2] 为 arr 添加了三个元素，因此数组最终长度为 3。

```
var arr = [];
arr[0] = "HTML";
arr[1] = "CSS";
```

```
arr[2] = "JavaScript";
```

上面代码其实等价于：

```
var arr = ["HTML", "CSS", "JavaScript"];
```

现在大家应该能理解数组最终长度为什么是 3 了吧。

举例：

```
<!DOCTYPE html>
<html>
<head>
    <title></title>
    <meta charset="utf-8" />
    <script>
        // 创建数组
        var arr = [1, 2, 3, 4, 5, 6];

        // 输出数组所有元素
        for(var i=0;i<arr.length;i++)
        {
            document.write(arr[i] + "<br/>");
        }
    </script>
</head>
<body>
</body>
</html>
```

浏览器预览效果如图 6-7 所示。

分析：

这里我们使用 for 循环来输出数组的每一个元素。这个小技巧很有用，在实际开发中经常用到。length 属性一般都是结合 for 循环来遍历数组中的每一个元素，然后对每一个元素进行相应操作的。

图6-7

疑问：

不是说数组是存储一组"相同数据类型"的数据结构吗？为什么当数组元素为不同数据类型时，JavaScript 也不会报错并且能输出呢？

```
<!DOCTYPE html>
<html>
<head>
    <title></title>
    <meta charset="utf-8" />
    <script>
```

```
            var arr = new Array(123, "javascript", false, NaN, undefined, null);
            for (var i = 0; i < arr.length; i++)
            {
                document.write(arr[i] + "<br/>");
            }
        </script>
    </head>
    <body>
    </body>
</html>
```

浏览器预览效果如图 6-8 所示。

图6-8

其实一个数组是可以存储"不同数据类型"的数据的，只不过我们极少那样做。一般情况下，我们都是用数组来存储"相同数据类型"的数据，所以这样理解就可以了。

6.6 截取数组某部分

在 JavaScript 中，我们可以使用 slice() 方法来获取数组的某一部分。slice，就是"切片"的意思。

语法：

```
数组名.slice(start, end);
```

说明：

start 表示开始位置，end 表示结束位置。start 和 end 都是整数，都是从 0 开始，其中 end 大于 start。

slice(start,end) 截取范围为：[start,end)，也就是包含 start 不包含 end。其中，end 可以省略。当 end 省略时，获取的范围为：**start 到结尾位置**。slice() 方法跟上一章学的 substring() 非常像，我们可以对比理解一下。

举例：

```
<!DOCTYPE html>
<html>
<head>
```

```
        <title></title>
        <meta charset="utf-8" />
        <script>
            var arr = ["HTML", "CSS", "JavaScript", "jQuery", "Vue.js"];
            document.write(arr.slice(1, 3));
        </script>
    </head>
<body>
</body>
</html>
```

浏览器预览效果如图 6-9 所示，而分析如图 6-10 所示

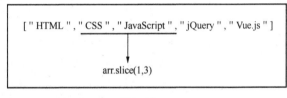

图6-9　　　　　　　　　　　　　　　　图6-10

分析：

slice(start,end) 截取范围为 [start,end)。一定要注意，在这个例子中，我们把 arr.slice(1, 3) 换成 arr.slice(1)，此时浏览器预览效果如图 6-11 所示。

图6-11

6.7 为数组添加元素

6.7.1 在数组开头添加元素：unshift()

在 JavaScript 中，我们可以使用 unshift() 方法在数组开头添加新元素，并且可以得到一个新的数组（也就是改变原数组）。

6.7 为数组添加元素

语法：

```
数组名.unshift(新元素1, 新元素2, ……, 新元素n)
```

说明：

"新元素1, 新元素2, …, 新元素n"表示在数组开头添加的新元素。

举例：

```
<!DOCTYPE html>
<html>
<head>
    <title></title>
    <meta charset="utf-8" />
    <script>
        var arr = ["JavaScript", "jQuery"];
        arr.unshift("HTML", "CSS");
        document.write(arr);
    </script>
</head>
<body>
</body>
</html>
```

浏览器预览效果如图6-12所示。

图6-12

分析：

从这个例子可以直观地看出来，使用unshift()方法为数组添加新元素后，该数组已经改变了。此时arr[0]不再是"JavaScript"，而是"HTML"；arr[1]也不再是"jQuery"，而是"CSS"。此时arr.length也由2变为4了。当然我们可以通过下面的例子验证一下。

举例：

```
<!DOCTYPE html>
<html>
<head>
    <title></title>
```

```
        <meta charset="utf-8" />
        <script>
            var arr = ["JavaScript", "jQuery"];
            document.write("添加前:<br/>arr[0]:" + arr[0] + "<br/>arr[1]:" + arr[1] + "<br/>");
            arr.unshift("HTML", "CSS");
            document.write("添加后:<br/>arr[0]:" + arr[0] + "<br/>arr[1]:" + arr[1]);
        </script>
    </head>
    <body>
    </body>
</html>
```

浏览器预览效果如图 6-13 所示。

图6-13

6.7.2 在数组结尾添加元素：push()

在 JavaScript 中，我们可以使用 push() 方法在数组结尾添加新元素，并且可以得到一个新的数组（也就是改变了原数组）。

语法：

```
数组名.push(新元素1, 新元素2, …, 新元素n)
```

说明：

"新元素 1, 新元素 2, …, 新元素 n" 表示在数组结尾添加的新元素。

举例：

```
<!DOCTYPE html>
<html>
<head>
    <title></title>
    <meta charset="utf-8" />
    <script>
        var arr = ["HTML", "CSS"];
        arr.push("JavaScript","jQuery");
        document.write(arr);
```

```
        </script>
    </head>
    <body>
    </body>
</html>
```

浏览器预览效果如图 6-14 所示。

分析：

从这个例子也可以直观地看出来，使用 push() 方法为数组添加新元素后，该数组也已经改变了。此时 arr[2] 不再是 undefined（未定义值），而是 "JavaScript"；arr[3] 也不再是 undefined，而是 "jQuery"。当然我们也可以通过例子验证一下。

举例：

图6-14

```
<!DOCTYPE html>
<html>
<head>
    <title></title>
    <meta charset="utf-8" />
    <script>
        var arr = ["HTML", "CSS"];
        document.write("添加前:<br/>arr[2]:" + arr[2] + "<br/>arr[3]:" + arr[3] + "<br/>");
        arr.push("JavaScript", "jQuery");
        document.write("添加后:<br/>arr[2]:" + arr[2] + "<br/>arr[3]:" + arr[3]);
    </script>
</head>
<body>
</body>
</html>
```

浏览器预览效果如图 6-15 所示。

图6-15

分析：

有人会问，像上面这个例子，我们也可以使用 arr[2]="JavaScript" 以及 arr[3]= "jQuery" 来在数组结尾来添加新的元素，这是不是意味着 push() 没太多存在的意义呢？其实不是这样的。当我们不知道数组由多少个元素的时候，我们就没法用下标这种方式来给数组添加新元素。此时，push() 方法就相当有用了，因为它不需要知道数组有多少个元素，它的目的就是在数组的最后面添加新元素。

push() 方法在实际开发，特别是面向对象开发的时候用得非常多，可以说是数组中最常用的一个方法，大家要重点掌握。对于 push() 如何在面向对象开发中使用，可以关注绿叶学习网的 JavaScript 进阶教程。

6.8 删除数组元素

6.8.1 删除数组中第一个元素：shift()

在 JavaScript 中，我们可以使用 shift() 方法来删除数组中的第一个元素，并且可以得到一个新的数组（也就是改变了原数组）。

语法：

```
数组名.shift()
```

说明：

unshift() 方法用于在数组开头添加新元素，shift() 方法用于删除数组的第一个元素，两者操作相反。

举例：

```html
<!DOCTYPE html>
<html>
<head>
    <title></title>
    <meta charset="utf-8" />
    <script>
        var arr = ["HTML", "CSS", "JavaScript", "jQuery"];
        arr.shift();
        document.write(arr);
    </script>
</head>
<body>
</body>
</html>
```

浏览器预览效果如图 6-16 所示。

图6-16

分析：

从中可以看出，使用 shift() 方法删除数组第一个元素后，原数组就改变了。此时 arr[0] 不再是 "HTML"，而是 "CSS"；arr[1] 不再是 "CSS"，而是 "JavaScript"，以此类推。

6.8.2 删除数组最后一个元素：pop()

在 JavaScript 中，我们可以使用 pop() 方法来删除数组的最后一个元素，并且可以得到一个新数组（也就是改变原数组）。

语法：

```
数组名.pop()
```

说明：

push() 用于在数组结尾处添加新的元素，pop() 用于删除数组最后一个元素，两者操作相反。

举例：

```
<!DOCTYPE html>
<html>
<head>
    <title></title>
    <meta charset="utf-8" />
    <script>
        var arr = ["HTML", "CSS", "JavaScript", "jQuery"];
        arr.pop();
        document.write(arr);
    </script>
</head>
<body>
</body>
</html>
```

浏览器预览效果如图 6-17 所示。

图6-17

分析：

从中可以看出，使用 pop() 方法删除数组最后一个元素后，原数组也变了。此时 arr[4] 不再是 "jQuery"，而是 undefined。对于这个，我们可以自行测试一下。

举例：

```
<!DOCTYPE html>
<html>
<head>
    <title></title>
    <meta charset="utf-8" />
    <script>
        var arr = ["HTML", "CSS", "JavaScript", "jQuery"];
        arr.pop();
        arr.pop();
        document.write(arr.length);
    </script>
</head>
<body>
</body>
</html>
```

浏览器预览效果如图 6-18 所示：

图6-18

分析：

实际上，unshift、push()、shift()、pop() 这四个元素都会改变数组的结构，因此数组的长度（length 属性）也会改变，我们需要认真记住这一点。

6.9 数组大小比较

在 JavaScript 中，我们可以使用 sort() 方法来对数组中所有元素进行比较大小，然后按从大到小或者从小到大进行排序。

语法：

```
数组名.sort(函数名)
```

说明：

"函数名"是定义数组元素排序的函数的名字。

举例：

```
<!DOCTYPE html>
<html>
<head>
    <title></title>
    <meta charset="utf-8" />
    <script>
        // 定义一个升序函数
        function up(a, b)
        {
            return a - b;
        }
        // 定义一个降序函数
        function down(a, b)
        {
            return b - a;
        }
        // 定义数组
        var arr = [3, 9, 1, 12, 50, 21];
        arr.sort(up);
        document.write("升序:" + arr.join("、") + "<br/>");
        arr.sort(down);
        document.write("降序:" + arr.join("、"));
    </script>
</head>
<body>
</body>
</html>
```

浏览器预览效果如图 6-19 所示。

图6-19

分析：

arr.sort(up) 表示将一个函数 up 作为 sort() 方法的参数。函数也可以作为参数？此外，好多初学的小伙伴都肯定会有各种疑问：为什么升序函数和降序函数要这样定义？为什么把一个函数传到 sort() 方法内就可以自动排序了？

对于上面疑问，暂时来说，我们完全不需要去深入了解，只需要知道按照上面的格式写就可以得到我们想要的效果。对于这些疑问，等我们学到了 JavaScript 进阶就知道怎么一回事了。

6.10 数组颠倒顺序

在 JavaScript 中，我们可以使用 reverse() 方法来实现数组中所有元素的反向排列，也就是颠倒数组元素的顺序。reverse，就是"反向"的意思。

语法：

```
数组名.reverse()
```

举例：

```
<!DOCTYPE html>
<html>
<head>
    <title></title>
    <meta charset="utf-8" />
    <script>
        var arr = [3, 1, 2, 5, 4];
        arr.reverse();
        document.write("反向排列后的数组:" + arr);
    </script>
</head>
<body>
</body>
```

```
</html>
```

浏览器预览效果如图 6-20 所示。

图6-20

6.11 将数组元素连接成字符串

在 JavaScript 中，我们可以使用 join() 方法来将数组中的所有元素连接成一个字符串。

语法：

```
数组名.join("连接符");
```

说明：

连接符是可选参数，用于指定连接元素之间的符号。默认情况下，则采用（,）（英文逗号）作为连接符来连接。

举例：

```
<!DOCTYPE html>
<html>
<head>
    <title></title>
    <meta charset="utf-8" />
    <script>
        var arr = ["HTML", "CSS", "JavaScript", "jQuery"];
        document.write(arr.join() + "<br/>");
        document.write(arr.join("*"));
    </script>
</head>
<body>
</body>
</html>
```

浏览器预览效果如图 6-21 所示。

图6-21

分析：

arr.join() 表示使用默认符号（,）作为分隔符，arr.join("*") 表示使用 "*" 作为分隔符。如果我们想要实现字符之间没有任何东西，这该怎么实现呢？请看下一个例子。

举例：

```
<!DOCTYPE html>
<html>
<head>
    <title></title>
    <meta charset="utf-8" />
    <script>
        var arr = ["HTML", "CSS", "JavaScript", "jQuery"];
        document.write(arr.join("") + "<br/>");
    </script>
</head>
<body>
</body>
</html>
```

浏览器预览效果如图 6-22 所示。

图6-22

分析：

注意，split(" ") 和 split("") 是不一样的！前者两个引号之间是有空格的，所以表示用空格作为分割符来分割。后者两个引号之间是没有空格的，所以可以用来分割字符串每一个字符。

举例：

```
<!DOCTYPE html>
<html>
<head>
    <title></title>
    <meta charset="utf-8" />
    <script>
        var str1 = "绿*叶*学*习*网";
        var str2 = str1.split("*").join("#");
        document.write(str2);
    </script>
</head>
<body>
</body>
</html>
```

浏览器预览效果如图 6-23 所示：

分析：

在这个例子中，我们实现的效果是将"绿*叶*学*习*网"转换成"绿#叶#学#习#网"。对于str1.split("*").join("#") 这句代码，我们分两步来理解。str1.split("*") 表示以 "*" 作为分割符来分割字符串 str1，从而得到一个数组即["绿","叶","学","习","网"]。由于这个是一个数组来的，所以此时我们可以使用数组的 join() 方法。

实际上，var str2 = str1.split("*").join("#"); 可以分两步来写，等价于：

图6-23

```
var arr = str1.split("*");
var str2 = arr.join("#");
```

▶6.12　训练题：数组与字符串的转换操作

给大家提供一个字符串，然后我们需要实现每一个字符都用尖括号括起来的效果。例如给你一个字符串 "绿叶学习网"，最终你要得到："<绿><叶><学><习><网>"。

举例：

```
<!DOCTYPE html>
<html>
<head>
    <title></title>
    <meta charset="utf-8" />
    <script>
        var str1 = "绿叶学习网";
```

```
                    var str2 = str1.split("").join("><");
                    var arr = str2.split("");
                    arr.unshift("<");
                    arr.push(">");
                    var result = arr.join("");
                    document.write(result);
            </script>
    </head>
    <body>
    </body>
</html>
```

浏览器预览效果如图 6-24 所示。

分析：

var str2 = str1.split("").join("><"); 表示在 str1 所有字符的中间插入 "><"，因此 str2 为 " 绿 >< 叶 >< 学 >< 习 >< 网 "。

var arr = str2.split(""); 表示将 str2 转换为数组，str2 中每一个字符都是数组的一个元素。因为只有将 str2 转换为数组，我们才可以使用数组的 unshift() 方法和 push() 方法。

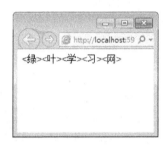

图6-24

▶6.13 训练题：将字符串所有字符颠倒顺序

给大家一个任意的字符串，然后实现把里面的字符串顺序颠倒。例如给你 "abcde"，最后你要得到 "edcba"。

举例：

```
<!DOCTYPE html>
<html>
<head>
    <title></title>
    <meta charset="utf-8" />
    <script>
        function reverseStr(str)
        {
            var arr = str.split("");
            arr.reverse();
            var result = arr.join("");
            return result;
        }
        document.write('"JavaScript" 颠倒顺序为：' + reverseStr("JavaScript"));
    </script>
</head>
```

```
<body>
</body>
</html>
```

浏览器预览效果如图 6-25 所示。

图6-25

分析：

在实际开发的时候，字符串的很多操作都是结合数组来实现的。当单纯使用字符串的方法没法达到效果时，我们可以考虑将其转换为数组，然后使用数组的方法来实现。最后，我们再将数组转换成字符串即可。

6.14 题目：计算面积与体积，返回一个数组

大家设计一个函数，这个函数可以计算一个长方体的底部面积和体积，并且函数最终将面积和体积的计算结果返回。

举例：

```
<!DOCTYPE html>
<html>
<head>
    <title></title>
    <meta charset="utf-8" />
    <script>
        function getSize(width, height, depth)
        {
            var area = width * height;
            var volume = width * height * depth;
            var sizes = [area, volume];
            return sizes;
        }

        var arr = getSize(30, 40, 10);
        document.write("面积为:" + arr[0] + "<br/>");
        document.write("体积为:" + arr[1]);
```

```
        </script>
    </head>
    <body>
    </body>
</html>
```

浏览器预览效果如图 6-26 所示。

图6-26

分析：

一般情况下，函数只可以返回一个值或变量。由于这里我们需要返回面积和体积两个值，因此我们可以使用数组来保存。

第07章 时间对象

7.1 日期对象简介

在浏览网页的过程中,我们经常可以看到各种时间程序,如网页时钟、在线日历、博客时间等,如图 7-1、图 7-2 和图 7-3 所示。

图7-1　网页时钟　　　　　　图7-2　在线日历　　　　　　图7-3

从这些例子中,我们可以感性地了解到时间在网页开发中的各种应用。在 JavaScript 中,我们可以使用时间对象 Date 来处理时间。

语法:

```
var 日期对象名 = new Date();
```

说明：

创建一个日期对象，必须使用 new 关键字。其中，Date 对象的方法有很多，主要分为两大类：getXxx() 和 setXxx()。getXxx() 用于获取时间，setXxx() 用于设置时间。

图7-4

表 7-1　　　　　　　　　用于获取时间的 getXxx()

方法	说明
getFullYear()	获取年份，取值为四位数字
getMonth()	获取月份，取值为 0（一月）到 11（十二月）之间的整数
getDate()	获取日数，取值为 1～31 之间的整数
getHours()	获取小时数，取值为 0～23 之间的整数
getMinutes()	获取分钟数，取值为 0～59 之间的整数
getSeconds()	获取秒数，取值为 0～59 之间的整数

表 7-2　　　　　　　　　用于设置时间的 setXxx()

方法	说明
setFullYear()	可以设置年、月、日
setMonth()	可以设置月、日
setDate()	可以设置日
setHours()	可以设置时、分、秒、毫秒
setMinutes()	可以设置分、秒、毫秒
setSeconds()	可以设置秒、毫秒

最后有一点需要提前跟大家说的，时间对象 Date 看似用途挺多的，但是在实际开发中却用得比较少，除非是在特定领域，如电影购票、餐饮订座等。因此对于这一章的学习，即使你没有记住 Date 对象的方法都没关系。等在实际中需要用到的时候，我们再回来这里查一下。

7.2 操作年、月、日

7.2.1 获取年、月、日

在 JavaScript 中，我们可以使用 getFullYear()、getMonth() 和 getDate() 这三种方法分别来获取当前时间的年、月、日。

表 7-3　　　　　　　获取年、月、日的方法及其说明

方法	说明
getFullYear()	获取年份，取值为 4 位数字
getMonth()	获取月份，取值为 0（一月）到 11（十二月）之间的整数
getDate()	获取日数，取值为 1～31 之间的整数

举例：

```html
<!DOCTYPE html>
<html>
<head>
    <title></title>
    <meta charset="utf-8" />
    <script>
        var d = new Date();
        var myDay = d.getDate();
        var myMonth = d.getMonth() + 1;
        var myYear = d.getFullYear();
        document.write("今天是" + myYear + "年" + myMonth + "月" + myDay + "日");
    </script>
</head>
<body>
</body>
</html>
```

浏览器预览效果如图 7-5 所示。

分析：

细心的小伙伴会发现，var myMonth = d.getMonth() + 1; 使用了 +1。其实，getMonth() 方法返回值是 0（一月）到 11（十二月）之间的整数，所以必须给它加上 1，这样所表示的月份才正确。

此外还要注意一下，获取当前的"日"，不是使用 getDay()，而是使用 getDate()。对于 getDay() 方法，我们在 7.4 节会详细介绍，到时可以对比理解一下。

图7-5

举例：

```
<!DOCTYPE html>
<html>
<head>
    <title></title>
    <meta charset="utf-8" />
    <script>
        var d = new Date();
        var time = d.getHours();
        if (time < 12)
        {
            document.write("早上好！");    //如果小时数小于12则输出"早上好！"
        }
        else if (time >= 12 && time < 18)
        {
            document.write("下午好！");    //如果小时数大于12并且小于18，输出"下午好！"
        }
        else
        {
            document.write("晚上好！");    //如果上面两个条件都不符合，则输出"晚上好！"
        }
    </script>
</head>
<body>
</body>
</html>
```

浏览器预览效果如图 7-6 所示。

图7-6

分析：

上面输出结果未必是"早上好！"，这个是根据你当前时间来判断的。由于我现在测试的时间是早上 8:00，所以会输出"早上好！"。如果你是在 15:00 测试的，就会输出"下午好！"，以此类推。

7.2.2 设置年、月、日

在 JavaScript 中，我们可以使用 setFullYear()、setMonth() 和 setDate() 这三个方

法分别来设置对象的年、月、日。

1. setFullYear()

    setFullYear() 可以用来设置年、月、日。

    语法：

    ```
    时间对象.setFullYear(year,month,day);
    ```

    说明：

    year 表示年，是必选参数，用一个四位的整数表示，如 2017、2020 等。

    month 表示月，是可选参数，用 0～11 之间的整数表示。其中，0 表示 1 月，1 表示 2 月，以此类推。

    day 表示日，是可选参数，用 1～31 之间的整数表示。

2. setMonth()

    setMonth() 可以用来设置月、日。

    语法：

    ```
    时间对象.setMonth(month, day);
    ```

    说明：

    month 表示月，是必选参数，用 0～11 之间的整数表示。其中，0 表示 1 月，1 表示 2 月，以此类推。

    day 表示日，是可选参数，用 1～31 之间的整数表示。

3. setDate()

    setDate() 可以用来设置日。

    语法：

    ```
    时间对象.setDate(day);
    ```

    说明：

    day 表示日，是必选参数，用 1～31 之间的整数表示。

    举例：

    ```html
    <!DOCTYPE html>
    <html>
    <head>
        <title></title>
        <meta charset="utf-8" />
        <script>
            var d = new Date();
            d.setFullYear(1992, 09, 01);
            document.write("我设置的时间是:<br/>" + d);
        </script>
    </head>
    <body>
    ```

```
</body>
</html>
```

浏览器预览效果如图 7-7 所示。

图7-7

分析：

getFullYear() 只能获取年，但 setFullYear() 却可以同时设置年、月、日。同理，setMonth() 和 setDate() 也有这个特点。

7.3 操作时、分、秒

7.3.1 获取时、分、秒

在 JavaScript 中，我们可以使用 getHours()、getMinutes()、getSeconds() 这三个方法分别获取当前的时、分、秒。

表7-4　　　　　　　　　　获取时、分、秒的方法及说明

方法	说明
getHours()	获取小时数，取值为 0～23 之间的整数
getMinutes()	获取分钟数，取值为 0～59 之间的整数
getSeconds()	获取秒数，取值为 0～59 之间的整数

举例：

```
<!DOCTYPE html>
<html>
<head>
    <title></title>
    <meta charset="utf-8" />
    <script>
        var d = new Date();
        var myHours = d.getHours();
        var myMinutes = d.getMinutes();
```

```
            var mySeconds = d.getSeconds();
            document.write("当前时间是:" + myHours + ":" + myMinutes + ":" + mySeconds);
        </script>
    </head>
    <body>
    </body>
</html>
```

浏览器预览效果如图 7-8 所示。

图7-8

7.3.2 设置时、分、秒

在 JavaScript 中，我们可以使用 setHours()、setMinutes() 和 setSeconds() 分别来设置时、分和秒。

1. setHours()

setHours() 可以用来设置时、分、秒和毫秒。

语法：

```
时间对象.setHours(hour, min, sec, millisec);
```

说明：

hour 是必选参数，表示时，取值为 0～23 之间的整数。
min 是可选参数，表示分，取值为 0～59 之间的整数。
sec 是可选参数，表示秒，取值为 0～59 之间的整数。
millisec 是可选参数，表示毫秒，取值为 0～59 之间的整数。

2. setMinutes()

setMinutes() 可以用来设置分、秒和毫秒。

语法：

```
时间对象.setMinutes( min, sec, millisec);
```

说明：

min 是必选参数，表示分，取值为 0～59 之间的整数。

sec 是可选参数，表示秒，取值为 0～59 之间的整数。

millisec 是可选参数，表示毫秒，取值为 0～59 之间的整数。

3. setSeconds()

setSeconds() 可以用来设置秒和毫秒。

语法：

```
时间对象.setSeconds(sec, millisec);
```

说明：

sec 是必选参数，表示秒，取值为 0～59 之间的整数。

millisec 是可选参数，表示毫秒，取值为 0～59 之间的整数。

举例：

```html
<!DOCTYPE html>
<html>
<head>
    <title></title>
    <meta charset="utf-8" />
    <script>
        var d = new Date();
        d.setHours(12, 10, 30);
        document.write(" 我设置的时间是：<br/>" + d);
    </script>
</head>
<body>
</body>
</html>
```

浏览器预览效果如图 7-9 所示。

图7-9

分析：

这里我们同样需要特别留意，getHours() 只能获取小时数，但 setHours() 却可以同时设置时、分、秒和毫秒。同理，setMinutes 和 setSeconds 也有这个特点。

7.4 获取星期几

在 JavaScript 中，我们可以使用 getDay() 方法来获取表示今天是星期几的一个数字。

语法：

```
时间对象.getDay();
```

说明：

getDay() 返回一个数字，其中 0 表示星期天（在国外，一周是从星期天开始的），1 表示星期一，……，6 表示星期六。

举例：

```
<!DOCTYPE html>
<html>
<head>
    <title></title>
    <meta charset="utf-8" />
    <script>
        var d = new Date();
        document.write("今天是星期" + d.getDay());
    </script>
</head>
<body>
</body>
</html>
```

浏览器预览效果如图 7-10 所示：

图 7-10

分析：

getDay() 方法返回的是一个数字，如果我们想要将数字转换为中文，例如上面"星期 4"变成"星期四"，这个时候该怎么做呢？请看下面例子。

举例：

```
<!DOCTYPE html>
<html>
<head>
    <title></title>
```

```
        <meta charset="utf-8" />
        <script>
            var weekday = ["星期日", "星期一", "星期二", "星期三", "星期四", "星期五", "星期六"];
            var d = new Date();
            document.write("今天是" + weekday[d.getDay()]);
        </script>
    </head>
    <body>
    </body>
</html>
```

浏览器预览效果如图 7-11 所示。

图7-11

分析：

这里我们定义了一个数组 weekday，用来存储表示星期几的字符串。由于 getDay() 方法返回表示当前星期几的数字，因此可以把返回的数字作为数组的下标，这样就可以通过下标的形式来获取星期几。注意，数组下标是从 0 开始的。

7.5 训练题：在页面显示时间

我们经常可以看到导航页面（如 360 导航页）都会采用"今天是 2017 年 4 月 1 日 星期六"这样的方式来显示时间，下面我们来尝试实现。

举例：

```
<!DOCTYPE html>
<html>
<head>
    <title></title>
    <meta charset="utf-8" />
    <script>
        var weekday = ["星期日", "星期一", "星期二", "星期三", "星期四", "星期五", "星期六"];
        var d = new Date();

        // 获取年、月、日
```

```
            var myDay = d.getDate();
            var myMonth = d.getMonth() + 1;
            var myYear = d.getFullYear();
            // 获取星期几
            var myWeekday = weekday[d.getDay()];

            document.write("今天是" + myYear + "年" + myMonth + "月" + myDay + "日   " + myWeekday);
        </script>
    </head>
    <body>
    </body>
</html>
```

浏览器预览效果如图 7-12 所示。

图7-12

分析：

在页面显示静态时间很简单，但是如果想要做一个动态运行的在线时钟，这该怎么办呢？其实这个就涉及到了定时器技术，我们在 "13.4 定时器" 这一节会详细介绍。

第08章 数学对象

8.1 数学对象简介

凡是涉及动画开发、高级编程、算法研究等，都跟数学有极大的联系。在初学者阶段，我们只是学一下基本语法就可以，至于怎么做出各种特效，还得学了更高级的东西先。

在 JavaScript 中，我们可以使用 Math 对象的属性和方法来实现各种运算。Math 对象为我们提供了大量"内置"的数学常量和数学函数，极大地满足了实际开发需求。

Math 对象跟其他对象不一样，我们不需要使用 new 关键字来创造，而是直接使用它的属性和方法就行。

语法：

```
Math.属性
Math.方法
```

接下来，我们针对 Math 对象常用的属性和方法来详细介绍一下。

8.2 Math对象的属性

在 JavaScript 中，Math 对象的属性往往都是数学中经常使用的"常量"，常见的

Math 对象属性如表 8-1 所示。

表 8-1　　　　　　　　　　Math 对象的属性

属性	说明	对应的数学形式
PI	圆周率	π
LN2	2 的自然对数	$\ln(2)$
LN10	10 的自然对数	$\ln(10)$
LOG2E	以 2 为底的 e 的对数	lbe
LOG10E	以 10 为底的 e 的对数	lge
SORT2	2 的平方根	$\sqrt{2}$
SORT1_2	2 的平方根的倒数	$\dfrac{1}{\sqrt{2}}$

从上面也可以看出，由于 Math 的属性都是常量，所以它们都是大写的。对于 Math 对象的属性，我们只需要掌握 "Math.PI" 这一个就够了。

在实际开发中，所有角度都是以"弧度"为单位的，例如 180° 就应该写成 Math.PI，而 360° 就应该写成 Math.PI*2，以此类推。对于角度，在实际开发中推荐这种写法：**度数 *Math.PI/180**，因为这种写法可以让我们一眼就能看出角度是多少。

举例：

```
120*Math.PI/180    //120°
150*Math.PI/180    //150°
```

上面这个技巧非常重要，以后在各种开发（如 JavaScript 动画、Canvas 动画等）中用得也非常多，大家要认真掌握。

举例：

```
<!DOCTYPE html>
<html>
<head>
    <title></title>
    <meta charset="utf-8" />
    <script>
        document.write(" 圆周率为：" + Math.PI);
    </script>
</head>
<body>
</body>
</html>
```

浏览器预览效果如图 8-1 所示。

图8-1

分析：

在实际开发的时候，对于圆周率，有些小伙伴喜欢用数字（如 3.1415）来表示。这种表示方法是不精确的，而且会导致计算误差。正确的方法应该是使用 Math.PI 来表示。

8.3 Math对象的方法

Math 对象的方法非常多，如表 8-2 所示。这一章我们主要介绍常用的方法。

表 8-2　　　　　　　　　　Math 对象中的方法（常用）

方法	说明
max(a,b,…,n)	返回一组数中的最大值
min(a,b,…,n)	返回一组数中的最小值
sin(x)	正弦
cos(x)	余弦
tan(x)	正切
asin(x)	反正弦
acos(x)	反余弦
atan(x)	反正切
atan2(x)	反正切
floor(x)	向下取整
ceil(x)	向上取整
random()	生成随机数

表 8-3　　　　　　　　　　Math 对象中的方法（不常用）

方法	说明
abs(x)	返回 x 的绝对值
sqrt(x)	返回 x 的平方根

续表

方法	说明
log(x)	返回 x 的自然对数（以 e 为底）
pow(x,y)	返回 x 的 y 次幂
exp(x)	返回 e 的指数

8.4 最大值与最小值：max()、min()

在 JavaScript 中，我们可以使用 max() 方法求出一组数中的最大值，也可以使用 min() 方法求出一组数中的最小值。

语法：

```
Math.max(a,b,…,n);
Math.min(a,b,…,n);
```

举例：

```
<!DOCTYPE html>
<html>
<head>
    <title></title>
    <meta charset="utf-8" />
    <script>
        var a = Math.max(3, 9, 1, 12, 50, 21);
        var b = Math.min(3, 9, 1, 12, 50, 21);
        document.write("最大值为:" + a + "<br/>");
        document.write("最小值为:" + b);
    </script>
</head>
<body>
</body>
</html>
```

浏览器预览效果如图 8-2 所示。

图8-2

分析：

找出一组数的最大值与最小值，大多数的人想到的是使用冒泡排序法来实现，却没想到 JavaScript 还有 max() 和 min() 这两个简单的方法。

8.5 取整运算

8.5.1 向下取整：floor()

在 JavaScript 中，我们可以使用 floor() 方法对一个数进行向下取整。所谓的向下取整指的是返回小于或等于指定数的最小整数。

语法：

```
Math.floor(x)
```

说明：

Math.floor(x) 表示返回小于或等于 x 的最小整数。

举例：

```
<!DOCTYPE html>
<html>
<head>
    <title></title>
    <meta charset="utf-8" />
    <script>
        document.write("Math.floor(3) 等于" + Math.floor(3) + "<br/>");
        document.write("Math.floor(0.4) 等于" + Math.floor(0.4) + "<br/>");
        document.write("Math.floor(0.6) 等于" + Math.floor(0.6) + "<br/>");
        document.write("Math.floor(-1.1) 等于" + Math.floor(-1.1) + "<br/>");
        document.write("Math.floor(-1.9) 等于" + Math.floor(-1.9));
    </script>
</head>
<body>
</body>
</html>
```

浏览器预览效果如图 8-3 所示。

图8-3

分析：

从这个例子我们可以看出：在 Math.floor(x) 中，如果 x 为整数，则返回 x；如果 x 为小数，则小数点前的整数。这就是所谓的"向下取整"。分析如图 8-4 所示。

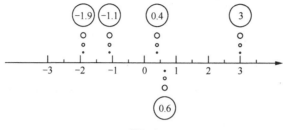

图8-4

8.5.2 向上取整：ceil()

在 JavaScript 中，我们可以使用 ceil() 方法对一个数进行向上取整。所谓的向上取整指的是返回大于或等于指定数的最小整数。

语法：

```
Math.ceil(x)
```

说明：

Math.ceil(x) 表示返回大于或等于 x 的最小整数。floor() 和 ceil() 这两个方法的命名很有意思，floor() 表示"地板"，也就是向下取整。ceil() 表示"天花板"，也就是向上取整。在以后的学习中，任何一种属性或方法，可以冲着它们的英文意思去理解。

举例：

```
<!DOCTYPE html>
<html>
<head>
    <title></title>
    <meta charset="utf-8" />
    <script>
        document.write("Math.ceil(3) 等于" + Math.ceil(3) + "<br/>");
        document.write("Math.ceil(0.4) 等于" + Math.ceil(0.4) + "<br/>");
        document.write("Math.ceil(0.6) 等于" + Math.ceil(0.6) + "<br/>");
        document.write("Math.ceil(-1.1) 等于" + Math.ceil(-1.1) + "<br/>");
        document.write("Math.ceil(-1.9) 等于" + Math.ceil(-1.9));
    </script>
</head>
<body>
</body>
</html>
```

浏览器预览效果如图 8-5 所示。

分析：

从这个例子我们可以看出：在 Math.ceil(x) 中，如果 x 为整数，则返回 x；如果 x 为小数，则返回大于 x 的最小整数。这就是所谓的"向上取整"。分析如图 8-6 所示。

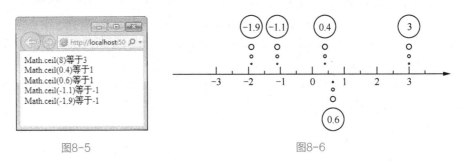

图8-5　　　　　　　　　　　　　图8-6

学完这一节，现在问题就来了：floor() 和 ceil() 这两个方法都是用于取整，但是它们具体都怎么用呢？小伙伴们不用担心，我们在后两节会详细介绍。

8.6 三角函数

在 Math 对象中，用于三角函数操作的常用方法如表 8-4 所示。

表 8-4　　　　　　　　　　Math 对象中的三角函数方法

方法	说明
sin(x)	正弦
cos(x)	余弦
tan(x)	正切
asin(x)	反正弦
acos(x)	反余弦
atan(x)	反正切
atan2(x)	反余切

x 表示角度值，用弧度来表示，常用形式为"度数 *Math.PI/180"，这个我们之前介绍过了。对于表 8-4 的三角函数方法，有两点需要跟大家说明一下。

- atan2(x) 跟 atan(x) 是不一样的，atan2(x) 能够精确判断角度对应哪一个角，而 atan() 不能。因此在高级动画开发时，我们大多数用的是 atan2(x)，基本用不到 atan(x)。
- 反三角函数用得很少（除了 atan2()），一般都是用三角函数，常用的有：sin()、

cos() 和 atan2() 这三个。

举例：

```
<!DOCTYPE html>
<html>
<head>
    <title></title>
    <meta charset="utf-8" />
    <script>
        document.write("sin30° :" + Math.sin(30 * Math.PI / 180) + "<br/>");
        document.write("cos60° :" + Math.cos(60 * Math.PI / 180) + "<br/>");
        document.write("tan45° :" + Math.tan(45 * Math.PI / 180));
    </script>
</head>
<body>
</body>
</html>
```

浏览器预览效果如图 8-7 所示。

图8-7

分析：

咦，sin30°不是等于0.5么？为什么会出现上面这种结果呢？其实，这是因为 JavaScript 计算会有一定的精度，但是误差是非常小的，可以忽略不计。

这些三角函数是高级动画开发的基础。当然这本书只是仅仅是带大家入门而已，对于三角函数在动画开发中的具体应用，可以关注《Web 前端开发精品课——HTML5 Canvas 开发详解》。

8.7 生成随机数

在 JavaScript 中，我们可以使用 random() 方法来生成 0～1 之间的一个随机数。random，就是"随机"的意思。特别注意一下，这里的 0～1 是只包含 0 不包含 1 的，即 [0, 1)。

语法：

```
Math.random()
```

说明：

随机数在实际开发是非常有用的，随处可见。像我们绿叶学习网首页的飘雪效果（如图 8-8 所示）中，雪花的位置就是使用随机数来控制的。

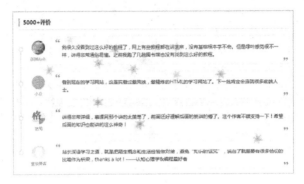

图8-8

下面给小伙伴们介绍一下随机数的使用技巧。

8.7.1 随机生成某个范围内的"任意数"

1. Math.random()*m

表示生成 0～m 之间的随机数，例如 Math.random()*10 表示生成 0～10 之间的随机数。

2. Math.random()*m+n

表示生成 n～m+n 之间的随机数，例如 Math.random()*10+8 表示生成 8～18 之间的随机数。

3. Math.random()*m-n

表示生成 -n～m-n 之间的随机数，例如 Math.random()*10-8 表示生成 -8～2 之间的随机数。

4. Math.random()*m-m

表示生成 -m～0 之间的随机数，例如 Math.random()*10-10 表示生成 -10～0 之间的随机数。

8.7.2 随机数生成某个范围内的"整数"

上面介绍的都是随机生成某个范围内的任意数（包括整数和小数），但是很多时候我们需要随机生成某个范围内的整数，此时前面学到的 floor() 和 ceil() 这两个方法就能派上用场了。

对于 Math.random()*5 来说，由于 floor() 向下取整，因此 Math.floor(Math.random()*5) 生成的是 0～4 之间的随机整数。如果你想生成 0～5 之间的随机整数，应该写成：

```
Math.floor(Math.random()*(5+1));
```

也就是说，如果你想生成 0 到任意数之间的随机整数，应该这样写：

```
Math.floor(Math.random()*(m+1))
```

如果你想生成 1 到任意数 m 加 1 之前的随机整数，应该这样写：

```
Math.floor(Math.random()*m)+1
```

如果你想生成任意数到任意数之间的随机整数，应该这样写：

```
Math.floor(Math.random()*(m-n+1))+n
```

上面是用 floor() 来生成我们想要的随机整数，当然我们也可以使用 ceil() 来实现。我们只需要掌握两个方法中的任意一个就可以了。

怎么样？现在应该很清楚如何去生成你需要的随机数了吧？上面这些技巧是非常棒的，一定要记住。当然我们不需要去死记硬背，这些技巧稍微推理一下就可以得出来了。

很多人不理解为什么 Math.floor(Math.random()*5) 生成的是 0~4 之间的整数，而不是 0~5 之间的整数，是因为他们没有意识到 Math.random() 生成随机数范围是 [0,1) 而不是 [0,1]（即不包含 1）。

8.8 训练题：生成随机验证码

随机验证码在实际开发中经常用到，看似复杂，实则非常简单。我们只需要用到前面学到的生成随机数的技巧，然后结合字符串与数组操作就可以轻松实现。

举例：

```
<!DOCTYPE html>
<html>
<head>
    <title></title>
    <meta charset="utf-8" />
    <script>
        var str = "abcdefghijklmnopqrstuvwxyzABCDEFGHIJKLMNOPQRSTUVWXYZ1234567890";
        var arr = str.split("");
        var result = "";
        for(var i=0;i<4;i++)
        {
            var n = Math.floor(Math.random() * arr.length);
            result += arr[n];
        }
        document.write(result);
    </script>
</head>
<body>
</body>
</html>
```

浏览器预览效果如图 8-9 所示。

图8-9

分析：
上面用 Math.random() 生成了随机验证码，每一次的运行结果都是不一样的。

8.9 生成随机颜色值

生成随机颜色值，在高级动画开发中是经常用到的，具体可以关注《Web 前端开发精品课——HTML5 Canvas 开发详解》。

举例：

```
<!DOCTYPE html>
<html>
<head>
    <title></title>
    <meta charset="utf-8" />
    <script>
        function getRandomColor() {
            var r = Math.floor(Math.random() * (255 + 1));
            var g = Math.floor(Math.random() * (255 + 1));
            var b = Math.floor(Math.random() * (255 + 1));
            var rgb = "rgb(" + r + "," + g + "," + b + ")";
            return rgb;
        }
        document.write(getRandomColor());
    </script>
</head>
<body>
</body>
</html>
```

浏览器预览效果如图 8-10 所示。

图8-10

第二部分
核心技术

第09章 DOM基础

9.1 核心技术简介

前面8章是JavaScript的基础部分，介绍的都是基本语法方面的知识。即使是基本语法，我们也并不会"流水账"般说完就算了。在精讲语法的同时，更多的是给大家深入探讨了这些语法的本质，并且在讲解的过程中穿插了大量的实战开发技巧。

学习到这里，说明大家已经对基本语法非常熟悉了。事实上，如果你有过其他编程语言的基础，会发现这些基本语法是大同小异的。不过在实际开发中，仅仅靠这些基本语法是远远满足不了我们各种开发需求的。虽然所有编程语言都有共同的基本语法，但是它们也都有自己独特之处。

在接下来的JavaScript提高部分，我们将会给大家讲解JavaScript的核心技术，这些才是我们要重点掌握的东西，同时也是更高级技术（如jQuery、HTML5等）的基础。学完JavaScript提高部分，我们不仅可以制作各种炫丽的特效，还可以结合HTML和CSS来开发一个真正意义上的页面了。

这一章，我们先来给大家介绍一下DOM操作方面的知识。

9.2 DOM是什么?

9.2.1 DOM对象

DOM，全称"Document Object Model"（文档对象模型），它是由W3C定义的一个标准。在这里，有关DOM历史及定义就不展开了，免得初学者看得一头雾水。

在实际开发中，我们有时候需要实现鼠标移到某个元素上面时就改变颜色，或者动态添加元素、删除元素等。其实这些效果就是通过DOM提供方法来实现的。

简单来说，DOM里面有很多方法，我们通过它提供的方法来操作一个页面中的某个元素，例如改变这个元素的颜色、点击这个元素实现某些效果、直接把这个元素删除等。

一句话总结：**DOM操作，可以简单理解成"元素操作"。**

9.2.2 DOM结构

DOM采用的是"树形结构"，用"树节点"形式来表示页面中的每一个元素。我们先看下面一个例子。

举例：

```
<html>
<head>
    <title><title>
    <meta charset="utf-8" />
<body>
    <h1> 绿叶学习网 </h1>
    <p> 绿叶学习网是一个……</p>
    <p> 绿叶学习网成立于……</p>
</body>
</html>
```

对于上面这个HTML文档，DOM会将其解析为如图9-1所示的树形结构。

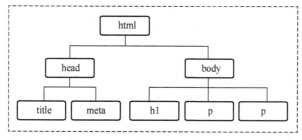

图9-1

其实，这也叫做"DOM树"。在这棵树上，html元素是树根，也叫根元素。

接下来深入一层，我们发现有 head 和 body 这两个分支，它们位于同一层次上，并且有着共同的父节点（即 html），所以它们是兄弟节点。

head 有两个子节点：title、meta（这两个是兄弟节点）。body 有三个子节点：h1、p、p。当然，如果还有下一层，我们还可以继续找下去。

利用这种简单的"家谱关系"，我们可以把各节点之间的关系清晰地表达出来。那么为什么要把一个 HTML 页面用树形结构表示呢？这也是为了更好地给每一个元素进行定位，以便让我们找到想要的元素。

每一个元素就是一个节点，而每一个节点就是一个对象。也就是说，**我们在操作元素时，其实就是把这个元素看成一个对象，然后使用这个对象的属性和方法来进行相关操作**（这句话对理解 DOM 操作太重要了）。

9.3 节点类型

在 JavaScript 中，节点也是分为很多类型的。DOM 节点共有 12 种类型，不过常见的只有三种。

- 元素节点
- 属性节点
- 文本节点

很多人看到下面这句代码，就认为只有一个节点，因为只有 div 这一个元素。实际上，这里有三个节点。

```
<div id="wrapper">绿叶学习网</div>
```

从图 9-2 的分析可以很清晰看出，JavaScript 会把元素、属性以及文本当做不同的节点。表示元素的叫作元素节点，表示属性的叫作属性节点，而表示文本的当然也就叫作文本节点。很多人认为节点就一定等于元素，其实这是错的，因为节点有好多种。总而言之：**节点跟元素是不一样的概念，节点包括元素**。

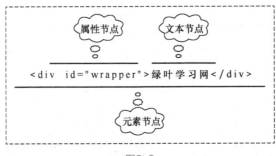

图9-2

在 JavaScript 中，我们可以使用 nodeType 属性来判断一个节点的类型。不同节点的 nodeType 属性值如表 9-1 所示。

表 9-1　　　　　　　　　　　不同节点的 nodeType 属性值

节点类型	nodeType 值
元素节点	1
属性节点	2
文本节点	3

nodeType 的值是一个数字，而不是像 "element" 或 "attribute" 那样的英文字符串。至于怎么用 nodeType 来判断节点类型，后面将进行介绍。

此外，对于节点类型，有以下三点需要特别注意。

- 一个元素就是一个节点，这个节点称之为"元素节点"。
- 属性节点和文本节点看起来像是元素节点的一部分，但实际上，它们是独立的节点，并不属于元素节点。
- 只有元素节点才可以拥有子节点，属性节点和文本节点都无法拥有子节点。

有些人可能感觉节点类型没什么用，事实上这是后面知识的基础。只有掌握这个概念，才会对后面的知识有一个清晰的理解。

9.4 获取元素

获取元素，准确来说，就是获取元素节点（注意不是属性节点或文本节点）。对于一个页面，我们想要对某个元素进行操作，就必须通过一定的方式来获取该元素，只有获取到了才能对其进行相应的操作。

这跟 CSS 选择器相似，只不过选择器是 CSS 的操作方式，而 JavaScript 却有着属于自己的另一套方法。在 JavaScript 中，我们可以通过以下六种方式来获取指定元素。

- getElementById()
- getElementsByTagName()
- getElementsByClassName()
- querySelector() 和 querySelectorAll()
- getElementsByName()
- document.title 和 document.body

上面每一种方式都非常重要，我们要逐个地学习。请注意，JavaScript 是严格区分大小写的，所以在书写的时候，这几种方式不要写错。例如你把 getElementById() 写成 getelementbyid，就会得不到正确的结果。

9.4.1　getElementById()

在 JavaScript 中，如果想通过 id 来选中元素，我们可以使用 getElementById() 来实现。getElementById 这个方法的名字看似很复杂，其实根据英文来理解就很容易了，也就是"get element by id"（通过 id 来获取元素）的意思。

实际上，getElementById() 类似于 CSS 中的"id 选择器"，只不过 getElementById() 是 JavaScript 的操作方式，而 id 选择器是 CSS 的操作方式。

语法：

```
document.getElementById("id 名 ")
```

举例：

```
<!DOCTYPE html>
<html xmlns="http://www.w3.org/1999/xhtml">
<head>
    <title></title>
    <script>
        window.onload = function ()
        {
            var oDiv = document.getElementById("div1");
            oDiv.style.color = "red";
        }
    </script>
</head>
<body>
    <div id="div1">绿叶学习网 </div>
</body>
</html>
```

浏览器预览效果如图 9-3 所示。

图9-3

分析：

```
window.onload = function ()
{
    ……
}
```

这个是表示在整个页面加载完成后执行的代码块。我们都知道，浏览器是从上到下解析一个页面的。这个例子的 JavaScript 代码在 HTML 代码的上面，如果没有 window.onload，浏览器解析到 document.getElementById("div1") 就会报错，因为它不知道 id 为 "div1" 的元素究竟是哪位兄弟。

因此我们必须使用 window.onload，使浏览器把整个页面解析完了再去解析 window.onload 内部的代码，这样就不会报错了。对于 window.onload，我们在 11.6 节会给大家详细介绍。不过由于 window.onload 用得非常多，我们可以先去看一下这一节再返回这里学习。

在这个例子中，我们使用 getElementById() 方法获取 id 为 "div1" 的元素，并且把这个 DOM 对象赋值给变量 oDiv，最后使用 oDiv.style.color = "red"; 设置这个元素的颜色为红色。这个 style 的用法，我们也会在 10.3 节会讲到。注意，getElementById() 方法中的 id 是不需要加 "#" 的，如果你写成 getElementById("#div1") 就是错的。

图9-4

此外，getElementById() 获取的是一个 DOM 对象，我们在给变量命名的时候，习惯性地以 "o" 开头，以便跟其他变量区分开来，并且可以让我们一眼就看出来这是一个 DOM 对象。

9.4.2 getElementsByTagName

在 JavaScript 中，如果想通过标签名来选中元素，我们可以使用 getElementsByTagName() 方法来实现。getElementsByTagName，也就是"get elements by tag name"（通过标签名来获取元素）的意思。

同样地，getElementsByTagName() 类似于 CSS 中的"元素选择器"。
语法：

```
document. getElementsByTagName(" 标签名 ")
```

说明：

getElementsByTagName() 方法中 "elements" 是一个复数，写的时候别漏掉了 "s"。这是因为 getElementsByTagName() 获取的是多个元素（即集合），而 getElementById() 获取的仅仅是一个元素。

举例：

```
<!DOCTYPE html>
<html xmlns="http://www.w3.org/1999/xhtml">
<head>
    <title></title>
    <script>
```

```
            window.onload = function ()
            {
                var oUl = document.getElementById("list");
                var oLi = oUl.getElementsByTagName("li");
                oLi[2].style.color = "red";
            }
        </script>
    </head>
    <body>
        <ul id="list">
            <li>HTML</li>
            <li>CSS</li>
            <li>JavaScript</li>
            <li>jQuery</li>
            <li>Vue.js</li>
        </ul>
    </body>
</html>
```

浏览器预览效果如图 9-5 所示。

图9-5

分析：

```
var oUl = document.getElementById("list");
var oLi = oUl.getElementsByTagName("li");
```

在上面代码中，首先使用 getElementById() 方法获取 id 为 list 的 ul 元素，然后使用 getElementsByTagName() 方法获取该 ul 元素下的所有 li 元素。有小伙伴会想，对于上面两句代码，我直接用下面一句代码不可以吗？

```
var oLi = document.getElementsByTagName("li");
```

事实上，这是不一样的。document.getElementsByTagName("li") 获取的是"整个 HTML 页面"所有的 li 元素，而 oUl.getElementsByTagName("li") 获取的仅仅是"id 为 list 的 ul 元素"下所有 li 元素。如果想要精确获取，你自然就不会使用 document.getElementsByTagName("li") 这种方式来实现了。

综上，我们也知道，getElementsByTagName() 方法获取的是一堆元素。实际上这个方法获取的是一个数组，如果我们想得到某一个元素，可以使用数组下标的形式获取。其中，oLi[0] 表示获取第一个 li 元素，oLi[1] 表示获取第二个 li 元素，以此类推。

准确来说，getElementsByTagName() 方法获取的是一个"类数组"（也叫伪数组），也就是说这不是真正意义上的数组。为什么这样说呢？因为我们只能使用到 length 属性以及下标的形式，但是对于 push() 等方法是没办法在这里用的，小伙伴试一下就知道了。记住，类数组只能用到两点：① length 属性；② 下标形式。

举例：

```html
<!DOCTYPE html>
<html xmlns="http://www.w3.org/1999/xhtml">
<head>
    <title></title>
    <script>
        window.onload = function ()
        {
            var arr = ["HTML", "CSS", "JavaScript", "jQuery", "Vue.js"];
            var oUl = document.getElementById("list");
            var oLi = document.getElementsByTagName("li");

            for (var i = 0; i < oLi.length; i++)
            {
                oLi[i].innerHTML = arr[i];
                oLi[i].style.color = "red";
            }
        }
    </script>
</head>
<body>
    <ul id="list">
        <li></li>
        <li></li>
        <li></li>
        <li></li>
        <li></li>
    </ul>
</body>
</html>
```

浏览器预览效果如图 9-6 所示：

分析：

oLi.length 表示获取"类数组" oLi 的长度，有多少个元素，长度就是多少。这个技巧挺常用的。

oLi[i].innerHTML = arr[i]; 表示设置 li 元素中的内容为对应下标的数组 arr 中的元素，对于 innerHTML，我们在 10.5 节会详细介绍。

下面我们来介绍一下 getElementById() 和 getElementsByTagName() 这两个方法的一些重要区别。由于下面两个例子涉及到动态 DOM 以及事件操作的知识，小伙伴们可以先跳过，等学到后面再回到这里看一下。之所以放到这里介绍，也是为了让大家有一个清晰的思路。

图9-6

举例：

```
<!DOCTYPE html>
<html xmlns="http://www.w3.org/1999/xhtml">
<head>
    <title></title>
    <script>
        window.onload = function ()
        {
            document.body.innerHTML = "<input type='button' value=' 按钮 '/><input type='button' value=' 按钮 '/><input type='button' value=' 按钮 '/>"
            var oBtn = document.getElementsByTagName("input");

            oBtn[0].onclick = function ()
            {
                alert(" 表单元素共有:" + oBtn.length + "个");
            };
        }
    </script>
</head>
<body>
</body>
</html>
```

浏览器预览效果如图 9-7 所示。当我们点击第 1 个按钮后，此时预览效果如图 9-8 所示。

图9-7

图9-8

分析：

"document.body.innerHTML=……" 表示动态为 body 元素添加 DOM 元素。"oBtn[0].onclick=function(){……}" 表示为第一个按钮添加点击事件。从这个例子可以看出，getElementsByTagName() 方法可以操作动态创建的 DOM 元素。但是如果我们使用 getElementById() 就无法实现了，请看下面这个例子。

举例：

```
<!DOCTYPE html>
<html xmlns="http://www.w3.org/1999/xhtml">
<head>
    <title></title>
    <script>
        window.onload = function ()
        {
             document.body.innerHTML = "<input id='btn' type='button' value='按钮'/><input type='button' value='按钮'/><input type='button' value='按钮'/>"
             var oBtn = document.getElementById("btn");

             oBtn.onclick = function ()
             {
                 alert("表单元素共有:" + oBtn.length + "个");
             };
        }
    </script>
</head>
<body>
</body>
</html>
```

浏览器预览效果如图 9-9 所示。当我们点击第一个按钮后，此时预览效果如图 9-10 所示。

图9-9

图9-10

分析：

从这个例子我们可以看出，getElementById() 是无法操作动态创建的 DOM 的。实际上，getElementById() 和 getElementsByTagName() 有着以下三个明显的区别。

- getElementById() 获取的是一个元素，而 getElementsByTagName() 获取的是多个元素（伪数组）。
- getElementById() 前面只可以接 document，也就是 document.getElement ById()；getElementsByTagName() 前面不仅可以接 document，还可以接其他 DOM 对象。
- getElementById() 不可以操作动态创建的 DOM 元素，而 getElementsByTagName() 可以操作动态创建的 DOM 元素。

9.4.3 getElementsByClassName()

在 JavaScript 中，如果想通过 class 来选中元素，我们可以使用 getElementsByClassName() 方法来实现。getElementsByClassName，也就是 "get elements by class name"（通过类名来获取元素）的意思。

同样地，getElementsByClassName() 类似于 CSS 中的 "class 选择器"。

语法：

```
document.getElementsByClassName("类名")
```

说明：

getElementsByClassName() 方法中 "elements" 是一个复数，跟 getElementsByTagName 相似，getElementsByClassName() 获取的也是一个类数组。

举例：

```
<!DOCTYPE html>
<html xmlns="http://www.w3.org/1999/xhtml">
<head>
    <title></title>
    <script>
        window.onload = function ()
        {
            var oLi = document.getElementsByClassName("select");
            oLi[0].style.color = "red";
        }
    </script>
</head>
<body>
    <ul id="list">
        <li>HTML</li>
        <li>CSS</li>
        <li class="select">JavaScript</li>
        <li class="select">jQuery</li>
        <li class="select">Vue.js</li>
    </ul>
</body>
```

```
</html>
```

浏览器预览效果如图 9-11 所示。

分析：

getElementsByClassName() 获取的也是一个"类数组"。如果我们想得到某一个元素，也是使用数组下标的形式获取的，这一点跟 getElementsByTagName() 很相似。

此外，getElementsByClassName() 不能操作动态 DOM。实际上，对于 getElementById()、getElementsByClassName() 和 getElements ByTagName() 这三个方法来说，只有 getElements ByTagName() 这一个方法能够操作动态 DOM。

图9-11

9.4.4　querySelector()和querySelectorAll()

在多年以前的 JavaScript 开发中，查找元素是开发人员遇到的最头疼的问题。现在 JavaScript 新增了 querySelector() 和 querySelectorAll() 这两个方法，使我们可以使用 CSS 选择器的语法来获取所需要的元素。

语法：

```
document.querySelector("选择器");
document.querySelectorAll("选择器");
```

说明：

querySelector() 表示选取满足选择条件的第一个元素，querySelectorAll() 表示选取满足条件的所有元素。这两个方法使用起来是非常简单的，它们的写法跟 CSS 选择器的写法完全一样。分析如图 9-12 所示。

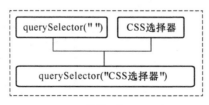

图9-12

```
document.querySelector("#main")
document.querySelector("#list li:nth-child(1)")
document.querySelectorAll("#list li")
document.querySelectorAll("input:checkbox")
```

对于 id 选择器来说，由于页面只有一个元素，建议大家用 getElementById()，而不是用 querySelector 或 querySelectorAll()。因为 getElementById() 方法效率更高，性能也更快。

举例：

```
<!DOCTYPE html>
<html xmlns="http://www.w3.org/1999/xhtml">
<head>
    <title></title>
    <script>
        window.onload = function ()
        {
            var oDiv = document.querySelectorAll(".test");
            oDiv[1].style.color = "red";
        }
    </script>
</head>
<body>
    <div>绿叶学习网</div>
    <div class="test">绿叶学习网</div>
    <div class="test">绿叶学习网</div>
    <div>绿叶学习网</div>
    <div class="test">绿叶学习网</div>
</body>
</html>
```

浏览器预览效果如图 9-13 所示。

图9-13

分析：

document.querySelectorAll(".test") 表示获取所有 class 为 test 的元素。由于获取的是多个元素，因此这也是一个类数组，想要精确得到某一个元素，也需要使用数组下标的形式来获取。

举例：

```
<!DOCTYPE html>
<html xmlns="http://www.w3.org/1999/xhtml">
```

```
<head>
    <title></title>
    <script>
        window.onload = function ()
        {
            var oLi = document.querySelector("#list li:nth-child(3)");
            oLi.style.color = "red";
        }
    </script>
</head>
<body>
    <ul id="list">
        <li>HTML</li>
        <li>CSS</li>
        <li>JavaScript</li>
        <li>jQuery</li>
        <li>Vue.js</li>
    </ul>
</body>
</html>
```

浏览器预览效果如图 9-14 所示。

分析：

document.querySelector("#list li:nth-child(3)") 表示选取 id 为 list 的元素下的第三个元素，"nth-child(n)" 属于 CSS3 的选择器。对于 CSS3 的内容，可以翻一下绿叶学习网的 CSS3 教程。

事实上，我们也可以使用 document.querySelectorAll ("#list li:nth-child(3)")[0] 来实现，两者效果是一样的。特别注意一点，querySelectorAll() 方法得到的是一个类数组，即使你获取的只有一个元素，也必须使用下标 "[0]" 才可以正确获取。

图9-14

9.4.5　getElementsByName()

对于表单元素来说，它有一个普通元素没有的 name 属性。如果想要通过 name 属性来获取表单元素，我们可以使用 getElementsByName() 方法来实现。

语法：

```
document.getElementsByName("name 名")
```

说明：

getElementsByName() 获取的也是一个类数组，如果想要准确得到某一个元素，可以使用数组下标形式来获取。

getElementsByName() 只用于表单元素，一般只用于单选按钮和复选框，下面分别举例介绍。

举例：

```
<!DOCTYPE html>
<html xmlns="http://www.w3.org/1999/xhtml">
<head>
    <title></title>
    <script>
        window.onload = function ()
        {
            var oInput = document.getElementsByName("status");
            oInput[2].checked = true;
        }
    </script>
</head>
<body>
你的最高学历：
    <label><input type="radio" name="status" value="本科" />本科</label>
    <label><input type="radio" name="status" value="硕士" />硕士</label>
    <label><input type="radio" name="status" value="博士" />博士</label>
</body>
</html>
```

浏览器预览效果如图 9-15 所示。

分析：

oInput[2].checked = true; 表示将类数组中的第三个元素的 checked 属性设置为 true，也就是第三个单选按钮被选中。

图9-15

举例：

```
<!DOCTYPE html>
<html xmlns="http://www.w3.org/1999/xhtml">
<head>
    <title></title>
    <script>
        window.onload = function ()
        {
            var oInput = document.getElementsByName("fruit");
            for (var i = 0; i < oInput.length; i++)
```

```
            {
                oInput[i].checked = true;
            }
        }
    </script>
</head>
<body>
你喜欢的水果：
    <label><input type="checkbox" name="fruit" value="苹果" />苹果</label>
    <label><input type="checkbox" name="fruit" value="香蕉" />香蕉</label>
    <label><input type="checkbox" name="fruit" value="西瓜" />西瓜</label>
</body>
</html>
```

浏览器预览效果如图 9-16 所示。

分析：

这里使用 for 循环来将每一个复选框的 checked 属性都设置为 true（被选中）。

你喜欢的水果：☑苹果 ☑香蕉 ☑西瓜

图9-16

9.4.6 document.title和document.body

由于一个页面只有一个 title 元素和一个 body 元素，因此对于这两个元素的选取，JavaScript 专门为我们提供了两个非常方便的方法：document.title 和 document.body。

举例：

```
<!DOCTYPE html>
<html xmlns="http://www.w3.org/1999/xhtml">
<head>
    <title></title>
    <script>
        window.onload = function ()
        {
            document.title = "绿叶学习网";
            document.body.innerHTML = "<strong style='color:red'>欢迎来到绿叶学习网</strong>";
        }
    </script>
</head>
<body>
</body>
</html>
```

浏览器预览效果如图9-17所示：

图9-17

只有选取了元素，才可以对元素进行相应的操作。因此，这一节所介绍的方法是DOM一切操作的基础。

9.5 创建元素

在JavaScript中，我们可以使用createElement()来创建一个元素节点，也可以使用createTextNode()来创建一个文本节点，然后可以将元素节点与文本节点"组装"成为我们平常所看到的"有文本内容的元素"。

这种方式又被称为"动态DOM操作"。所谓的"动态DOM"，指的是使用JavaScript创建的元素，这个元素一开始在HTML中是不存在的。

语法：

```
var e1 = document.createElement("元素名");        // 创建元素节点
var txt = document.createTextNode("文本内容");// 创建文本节点
e1.appendChild(txt);                             // 把文本节点插入元素节点中
e2.appendChild(e1);                              // 把组装好的元素插入已存在的元素中
```

说明：

e1表示JavaScript动态创建的元素节点，txt表示JavaScript动态创建的文本节点，e2表示HTML中已经存在的元素节点。

A.appendChild(B)表示把B插入到A内部中去，也就是使B成为A的子节点。

举例：创建简单元素（不带属性）

```
<!DOCTYPE html>
<html xmlns="http://www.w3.org/1999/xhtml">
<head>
    <title></title>
    <script>
        window.onload = function ()
        {
            var oDiv = document.getElementById("content");
            var oStrong = document.createElement("strong");
```

```
                var oTxt = document.createTextNode("绿叶学习网");

                // 将文本节点插入 strong 元素
                oStrong.appendChild(oTxt);
                // 将 strong 元素插入 div 元素（这个 div 在 HTML 已经存在）
                oDiv.appendChild(oStrong);
            }
        </script>
    </head>
    <body>
        <div id="content"></div>
    </body>
</html>
```

浏览器预览效果如图 9-18 所示，而例子的分析如图 9-19 所示。

图9-18

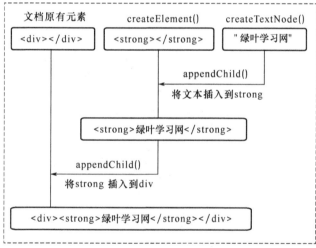

图9-19

分析：

这里使用 document.createElement("strong") 动态创建了一个 strong 元素，不过此时 strong 元素是没有内容的。然后我们使用 document.createTextNode() 创建了一个文本节点，并且使用 appendChild() 方法（我们在下一节会介绍）把这个文本节点插入到 strong 元素中去。最后再使用 appendChild() 方法把已经创建好的"有内容的 strong 元素（即 绿叶学习网）"插入到 div 元素中，这时才会显示出内容来。

有小伙伴就会想，添加一个元素有必要那么麻烦吗？直接像下面这样，在 HTML 加上不就得了吗？效果都是一样的啊！

```
<!DOCTYPE html>
<html xmlns="http://www.w3.org/1999/xhtml">
<head>
```

```
        <title></title>
    </head>
    <body>
        <div id="content"><strong> 绿叶学习网 </strong></div>
    </body>
</html>
```

之所以有这个疑问，那是因为小伙伴们还没有真正理解动态创建 DOM 的意义。其实在 HTML 中直接添加元素，这是静态方法。而使用 JavaScript 添加元素，这是动态方法。在实际开发中，很多动画效果我们使用静态方法是实现不了的。

像绿叶学习网首页的雪花飘落效果（如图 9-20），这些雪花就是动态创建的 img 元素。雪花会不断生成、然后到消失，也就是说你要实现 img 元素的生成和消失。此时你不可能手动在 HTML 中直接添加元素，然后删除元素吧？正确的方法就是使用动态 DOM，也就是使用 JavaScript 不断创建元素和删除元素来实现。

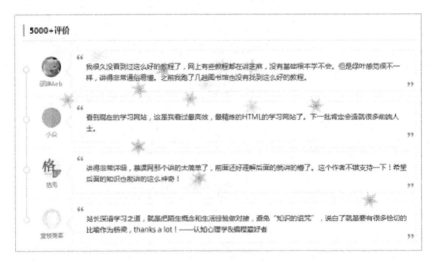

图9-20

操作动态 DOM，在实际开发用得非常多。这一章，我们先学一下语法，至于怎么用，后面会慢慢接触。上面例子创建的是一个简单的节点，如果想要创建下面这种带有属性的复杂节点，该怎么做呢？

```
<input id="submit" type="button" value=" 提交 "/>
```

举例：创建复杂元素（带属性）

```
<!DOCTYPE html>
<html xmlns="http://www.w3.org/1999/xhtml">
<head>
    <title></title>
    <script>
```

```
            window.onload = function ()
            {
                var oInput = document.createElement("input");
                oInput.id = "submit";
                oInput.type = "button";
                oInput.value = "提交";

                document.body.appendChild(oInput);
            }
        </script>
    </head>
    <body>
    </body>
</html>
```

浏览器预览效果如图9-21所示。

分析：

在9.1节给大家说过：**在DOM中，每一个元素节点都被看成是一个对象**。既然是对象，我们就可以像给对象属性赋值那样给元素的属性进行赋值。例如想给添加一个id属性，就可以这样写：oInput.id = "submit"。想要添加一个type属性，就可以这样写：oInput.type="button"，以此类推。

图9-21 创建复杂元素（带属性）

下面我们尝试来动态创建一个图片，HTML结构如下：

```
<img class="pic" src="images/haizei.png" style="border:1px solid silver"/>
```

举例：创建动态图片

```
<!DOCTYPE html>
<html xmlns="http://www.w3.org/1999/xhtml">
<head>
    <title></title>
    <script>
        window.onload = function ()
        {
            var oImg = document.createElement("img");
            oImg.className = "pic";
            oImg.src = "images/haizei.png";
            oImg.style.border = "1px solid silver";

            document.body.appendChild(oImg);
        }
    </script>
</head>
```

```
                <body>
                </body>
            </html>
```

浏览器预览效果如图9-22所示。

分析：

在操作动态 DOM 时，设置元素 class 用的是 className 而不是 class，这是初学者最容易忽略的地方。为什么 JavaScript 不用 class，而是用 className 呢？其实我们在 2.2 节讲过，JavaScript 有很多关键字和保留字，其中 class 已经作为保留字（可以回去翻一下），所以就另外起了一个 className 来用。

上面创建的都是一个元素，如果想要创建表格这种多个元素的，该怎么办呢？这时我们可以使用循环语句来实现。

图9-22　动态创建图片

举例：创建多个元素

```
<!DOCTYPE html>
<html xmlns="http://www.w3.org/1999/xhtml">
<head>
    <title></title>
    <style type="text/css">
        table {border-collapse:collapse;}
        tr,td
        {
            width:80px;
            height:20px;
            border:1px solid gray;
        }
    </style>
    <script>
        window.onload = function ()
        {
            // 动态创建表格
            var oTable = document.createElement("table");
            for (var i = 0; i < 3; i++)
            {
                var oTr = document.createElement("tr");
                for (var j = 0; j < 3; j++)
                {
                    var oTd = document.createElement("td");
                    oTr.appendChild(oTd);
                }
                oTable.appendChild(oTr);
```

```
                }
                // 添加到 body 中去
                document.body.appendChild(oTable);
            }
        </script>
    </head>
    <body>
    </body>
</html>
```

浏览器预览效果如图9-23所示。

从上面几个例子，我们可以总结一下，如果想要创建一个元素，需要以下四步。

- 创建元素节点：createElement()
- 创建文本节点：createTextNode()
- 把文本节点插入元素节点：appendChild()
- 把组装好的元素插入到已有元素中：appendChild()

图9-23　创建表格

9.6　插入元素

上一节我们学会了怎么创建元素，如果仅仅是创建一个元素而没有插入到 HTML 文档中，这是一点意义都没有的。这一节我们来学一下怎么把创建好的元素插入到已经存在的元素中去。在 JavaScript 中，插入元素有两种方法。

- appendChild()
- insertBefore()

9.6.1　appendChild()

在 JavaScript 中，我们可以使用 appendChild() 把一个新元素插入到父元素的内部子元素的"末尾"。

语法：

```
A.appendChild(B);
```

说明：

A 表示父元素，B 表示动态创建好的新元素。后面章节中，如果没有特殊说明，A 都表示父元素，B 都表示子元素。

举例：

```
<!DOCTYPE html>
<html xmlns="http://www.w3.org/1999/xhtml">
<head>
```

```
        <title></title>
        <script>
            window.onload = function ()
            {
                var oBtn = document.getElementById("btn");
                // 为按钮添加点击事件
                oBtn.onclick = function ()
                {
                    var oUl = document.getElementById("list");
                    var oTxt = document.getElementById("txt");

                    // 将文本框的内容转换为"文本节点"
                    var textNode = document.createTextNode(oTxt.value);
                    // 动态创建一个 li 元素
                    var oLi = document.createElement("li");

                    // 将文本节点插入 li 元素中去
                    oLi.appendChild(textNode);
                    // 将 li 元素插入 ul 元素中去
                    oUl.appendChild(oLi);
                };
            }
        </script>
    </head>
    <body>
        <ul id="list">
            <li>HTML</li>
            <li>CSS</li>
            <li>JavaScript</li>
        </ul>
        <input id="txt" type="text"/><input id="btn" type="button" value=" 插入 " />
    </body>
</html>
```

浏览器预览效果如图 9-24 所示。我们在文本框中输入"jQuery",然后点击"插入"按钮后,此时预览效果如图 9-25 所示。

图9-24 appendChild()方法

图9-25 点击"插入"按钮后的效果

分析：

```
oBtn.onclick = function()
{
    ……
};
```

上面表示为一个元素添加点击事件，所谓的点击事件指的是当我们点击按钮后会做些什么。这个跟前面讲到的 window.onload 是非常相似的，只不过 window.onload 表示页面加载完成后会做些什么，而 oBtn.onclick 表示点击按钮后会做些什么。当然，这种写法我们在后面 11.3 节会详细介绍。

9.6.2 insertBefore()

在 JavaScript 中，我们可以使用 insertBefore() 方法将一个新元素插入到父元素中的某一个子元素"**之前**"。

语法：

```
A.insertBefore(B,ref);
```

说明：

A 表示父元素，B 表示新子元素。ref 表示指定子元素，在这个元素之前插入新子元素。

举例：

```
<!DOCTYPE html>
<html xmlns="http://www.w3.org/1999/xhtml">
<head>
    <title></title>
    <script>
        window.onload = function ()
        {
            var oBtn = document.getElementById("btn");
            oBtn.onclick = function ()
            {
                var oUl = document.getElementById("list");
                var oTxt = document.getElementById("txt");

                //将文本框的内容转换为"文本节点"
                var textNode = document.createTextNode(oTxt.value);
                //动态创建一个 li 元素
                var oLi = document.createElement("li");

                //将文本节点插入 li 元素中
                oLi.appendChild(textNode);
                //将 li 元素插入到 ul 的第 1 个子元素前面
                oUl.insertBefore(oLi, oUl.firstElementChild);
```

```
            }
        }
    </script>
</head>
<body>
    <ul id="list">
        <li>HTML</li>
        <li>CSS</li>
        <li>JavaScript</li>
    </ul>
    <input id="txt" type="text"/><input id="btn" type="button" value=" 插入 " />
</body>
</html>
```

浏览器预览效果如图 9-26 所示。我们在文本框中输入 "jQuery"，然后点击 "插入" 按钮后，浏览器预览效果如图 9-27 所示。

图9-26　　　　　　　　　　　　　　图9-27

分析：

oUl.firstElementChild 表示获取 ul 元素下的第一个子元素。大家仔细比较一下这两个例子，就能看出 appendChild() 和 insertBefore() 这两种插入方法的不同了。实际上，这两种方法其实刚好是互补关系（如图 9-28），appendChild() 是在父元素最后一个子元素后面插入，而 insertBefore() 是在父元素任意一个子元素之前插入，这样使我们可以将新元素插入到任何地方。

此外需要注意一点，appendChild() 和 insertBefore() 这两种插入元素的方法都需要获取父元素才可以进行操作。

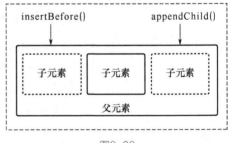

图9-28

9.7 删除元素

在 JavaScript 中，我们可以使用 removeChild() 方法来删除父元素下的某个子元素。

语法：

```
A.removeChild(B);
```

说明：

A 表示父元素，B 表示父元素内部的某个子元素。

举例：

```
<!DOCTYPE html>
<html xmlns="http://www.w3.org/1999/xhtml">
<head>
    <title></title>
    <script>
        window.onload = function ()
        {
            var oBtn = document.getElementById("btn");
            oBtn.onclick = function ()
            {
                var oUl = document.getElementById("list");
                // 删除最后一个子元素
                oUl.removeChild(oUl.lastElementChild);
            }
        }
    </script>
</head>
<body>
    <ul id="list">
        <li>HTML</li>
        <li>CSS</li>
        <li>JavaScript</li>
        <li>jQuery</li>
        <li>Vue.js</li>
    </ul>
    <input id="btn" type="button" value=" 删除 " />
</body>
</html>
```

浏览器预览效果如图 9-29 所示。

分析：

oUl.removeChild(oUl.lastElementChild); 表示删除 ul 中最后一个 li 元素，其中 oUl.lastElementChild 表示 ul 中的最后一个子元素。如果想要删除第一个子元素，可以使用以下代码来实现。

图9-29　删除最后一个li元素

```
oUl.removeChild(oUl.firstElementChild);
```

那么如果想要删除第二个子元素或者任意一个子元素，该怎么做呢？这个就需要我们学到 10.4 节才知道。

上面是删除一个子元素的情况，假如我们想要把整个列表删除，又该如何实现呢？

其实直接对 ul 元素进行 removeChild() 操作就可以了，实现代码如下。
举例：

```html
<!DOCTYPE html>
<html xmlns="http://www.w3.org/1999/xhtml">
<head>
    <title></title>
    <script>
        window.onload = function ()
        {
            var oBtn = document.getElementById("btn");
            oBtn.onclick = function ()
            {
                var oUl = document.getElementById("list");
                document.body.removeChild(oUl);
            }
        }
    </script>
</head>
<body>
    <ul id="list">
        <li>HTML</li>
        <li>CSS</li>
        <li>JavaScript</li>
        <li>jQuery</li>
        <li>Vue.js</li>
    </ul>
    <input id="btn" type="button" value=" 删除 " />
</body>
</html>
```

浏览器预览效果如图 9-30 所示。

分析：

我们点击 "删除" 按钮后，整个列表都被删除了。从上面几个例子，我们可以很清楚地知道：在使用 removeChild() 方法删除元素之前，我们必须找到两个元素。

- 被删除的子元素
- 被删除子元素的父元素

图9-30　删除整个列表

9.8　复制元素

在 JavaScript 中，我们可以使用 cloneNode() 方法来实现复制元素。
语法：

```
obj.cloneNode(bool)
```

9.8 复制元素

说明：

参数 obj 表示被复制的元素，而参数 bool 是一个布尔值，取值如下。

- 1 或 true：表示复制元素本身以及复制该元素下的所有子元素。
- 0 或 false：表示仅仅复制元素本身，不复制该元素下的子元素。

举例：

```
<!DOCTYPE html>
<html xmlns="http://www.w3.org/1999/xhtml">
<head>
    <title></title>
    <script>
        window.onload = function ()
        {
            var oBtn = document.getElementById("btn");
            oBtn.onclick = function ()
            {
                var oUl = document.getElementById("list");
                document.body.appendChild(oUl.cloneNode(1));
            }
        }
    </script>
</head>
<body>
    <ul id="list">
        <li>HTML</li>
        <li>CSS</li>
        <li>JavaScript</li>
    </ul>
    <input id="btn" type="button" value=" 复制 " />
</body>
</html>
```

浏览器预览效果如图 9-31 所示。当我们点击"复制"按钮后，此时预览效果如图 9-32 所示。

图 9-31　clone()方法　　　　图 9-32　点击"复制"按钮后的效果

分析：

当我们点击"复制"按钮后，就会在 body 中把整个列表复制并插入。cloneChild()

方法很简单,没太多要讲的东西。

9.9 替换元素

在 JavaScript 中,我们可以使用 replaceChild() 方法来实现替换元素。
语法:

```
A.replaceChild(new,old);
```

说明:
A 表示父元素,new 表示新子元素,old 表示旧子元素。
举例:

```
<!DOCTYPE html>
<html xmlns="http://www.w3.org/1999/xhtml">
<head>
    <title></title>
    <script>
        window.onload = function ()
        {
            var oBtn = document.getElementById("btn");
            oBtn.onclick = function ()
            {
                // 获取body 中的第 1 个元素
                var oFirst = document.querySelector("body *:first-child");

                // 获取 2 个文本框
                var oTag = document.getElementById("tag");
                var oTxt = document.getElementById("txt");
                // 根据 2 个文本框的值来创建一个新节点
                var oNewTag = document.createElement(oTag.value);
                var oNewTxt = document.createTextNode(oTxt.value);

                oNewTag.appendChild(oNewTxt);
                document.body.replaceChild(oNewTag, oFirst);
            }
        }
    </script>
</head>
<body>
    <p>绿叶学习网 </p>
    <hr/>
    输入标签:<input id="tag" type="text" /><br />
    输入内容:<input id="txt" type="text" /><br />
    <input id="btn" type="button" value="替换 " />
</body>
```

```
</html>
```

浏览器预览效果如图9-33所示。

分析：

当我们在第一个文本框输入"h1"，第2个文本框输入"JavaScript"，然后点击"替换"按钮，此时浏览器预览效果如图9-34所示。

图9-33 replaceChild()方法　　　　　　图9-34 点击"替换"按钮后的效果

从上面可以知道，想要实现替换元素，就必须提供三个节点：①父元素；②新元素；③旧元素。

第10章 DOM进阶

10.1 HTML属性操作（对象属性）

HTML 属性操作，指的是使用 JavaScript 来操作一个元素的 HTML 属性。像下面例子中有一个 input 元素，指的就是操作它的 id、type、value 等，其他元素也类似。

```
<input id="btn" type="button" value=" 提交 "/>
```

在 JavaScript 中，有两种操作 HTML 元素属性的方式，一种是使用 "对象属性"，另外一种是使用 "对象方法"。这一节，我们先来介绍怎么使用 "对象属性" 方式来操作。

不管是用 "对象属性" 方式，还是用 "对象方法" 方式，都涉及以下两种操作。
- 获取 HTML 属性值
- 设置 HTML 属性值

元素操作，准确来说，操作的是 "元素节点"。属性操作，准确来说，操作的是 "属性节点"。对于元素操作，我们上一章已经详细介绍过了，下面来介绍一下属性操作。

10.1.1 获取HTML属性值

获取 HTML 元素的属性值，一般都是通过属性名，来找到该属性对应的值。

语法：

```
obj.attr
```

10.1 HTML属性操作（对象属性）

说明：

obj 是元素名，它一个 DOM 对象。所谓的 DOM 对象，指的是 getElementById()、getElementsByTagName() 等方法获取到的元素节点。我们在后面章节中会说到的 DOM 对象，指的就是这个。

attr 是属性名，对于一个对象来说，是通过"."运算符来获取它的属性值。

举例：获取静态 HTML 中的属性值

```
<!DOCTYPE html>
<html xmlns="http://www.w3.org/1999/xhtml">
<head>
    <title></title>
    <script>
        window.onload = function ()
        {
            var oBtn = document.getElementById("btn");
            oBtn.onclick = function ()
            {
                alert(oBtn.id);
            };
        }
    </script>
</head>
<body>
    <input id="btn" class="myBtn" type="button" value="获取"/>
</body>
</html>
```

浏览器预览效果如图 10-1 所示。

分析：

想要获得某个属性的值，首先需要使用 getElementById() 等方法找到这个元素节点，然后才可以获取到该属性的值。

图10-1

oBtn.id 表示获取按钮的 id 属性值。同样地，想要获取 type 属性值可以写成 oBtn.type，以此类推。不过需要特别提醒大家一点，如果想要获取一个元素的 class，写成"oBtn.class"是错误的，正确的应该写成"oBtn.className"。至于原因，我们在 9.5 节已经说过了。

使用"obj.attr"这种方式，不仅可以用来获取静态 HTML 元素的属性值，还可以用来获取动态创建的 DOM 元素中的属性值。请看下面例子。

举例：获取动态 DOM 中的属性值

```
<!DOCTYPE html>
```

```
<html xmlns="http://www.w3.org/1999/xhtml">
<head>
    <title></title>
    <script>
        window.onload = function ()
        {
            // 动态创建一个按钮
            var oInput = document.createElement("input");
            oInput.id = "submit";
            oInput.type = "button";
            oInput.value = " 提交 ";
            document.body.appendChild(oInput);

            // 为按钮添加点击事件
            oInput.onclick = function ()
            {
                alert(oInput.id);
            };
        }
    </script>
</head>
<body>
</body>
</html>
```

浏览器预览效果如图10-2所示。

分析：

这里动态创建了一个按钮：<input id="submit" type="button" value=" 提交 "/>。然后我们给这个动态创建出来的按钮加上点击事件，并且在点击事件中使用 oInput.id 来获取 id 属性的取值。

在实际开发中，更多情况下我们想要获取的是表单元素的值。其中获取文本框、单选按钮、复选框、下拉列表中的值都是通过 value 属性来获取的，下面我们尝试实现一下。这些技巧在实际开发中用得非常多的，小伙伴们认真掌握一下。

图10-2

举例：获取单行文本框的值

```
<!DOCTYPE html>
<html xmlns="http://www.w3.org/1999/xhtml">
<head>
    <title></title>
    <script>
        window.onload = function ()
```

```
            {
                var oBtn = document.getElementById("btn");
                oBtn.onclick = function ()
                {
                    var oTxt = document.getElementById("txt");
                    alert(oTxt.value);
                };
            }
        </script>
    </head>
    <body>
        <input id="txt" type="text"/>
        <input id="btn" type="button" value=" 获取 "/>
    </body>
</html>
```

浏览器预览效果如图 10-3 所示。

分析：

我们在文本框输入内容，然后点击"获取"按钮，就能获取文本框中的内容。oTxt.value 表示通过 value 属性来获取值。我们可能会觉得很奇怪，文本框压根就没有定义一个 value 属性，怎么可以通过 oTxt.value 来获取它的值呢？其实对于单行文本框，HTML 默认给它添加了一个 value 属性，只不过这个 value 属性是空的。也就是说，<input id=" txt" type=" text" /> 其实等价于：

图10-3

```
<input id="txt" type="text" value=""/>
```

其他表单元素也有类似的特点，都有一个默认的 value 值。此外对于多行文本框，同样也是通过 value 属性来获取内容的，我们可以自己测试一下。

举例：获取单选框的值

```
<!DOCTYPE html>
<html xmlns="http://www.w3.org/1999/xhtml">
<head>
    <title></title>
    <script>
        window.onload = function ()
        {
            var oBtn = document.getElementById("btn");
            var oFruit = document.getElementsByName("fruit");

            oBtn.onclick = function ()
            {
                // 使用 for 循环遍历所有的单选框
```

```
                    for(var i=0;i<oFruit.length;i++)
                    {
                        // 判断当前遍历的单选框是否选中（也就是checked是否为true）
                        if(oFruit[i].checked)
                        {
                            alert(oFruit[i].value);
                        }
                    }
                };
            }
        </script>
    </head>
    <body>
        <div>
            <label><input type="radio" name="fruit" value="苹果" checked/>苹果</label>
            <label><input type="radio" name="fruit" value="香蕉" />香蕉</label>
            <label><input type="radio" name="fruit" value="西瓜" />西瓜</label>
        </div>
        <input id="btn" type="button" value="获取" />
    </body>
</html>
```

浏览器预览效果如图 10-4 所示。

图10-4

分析：

document.getElementsByName("fruit") 表示获取所有 name 属性值为 fruit 的表单元素。getElementsByName() 只限用于表单元素，它获取的也是一个元素集合，也就是类数组。

举例：获取复选框的值

```
<!DOCTYPE html>
<html xmlns="http://www.w3.org/1999/xhtml">
<head>
    <title></title>
    <script>
        window.onload = function ()
```

10.1　HTML属性操作（对象属性）

```
        {
            var oBtn = document.getElementById("btn");
            var oFruit = document.getElementsByName("fruit");
            var str = "";

            oBtn.onclick = function ()
            {
                for(var i=0;i<oFruit.length;i++)
                {
                    if(oFruit[i].checked)
                    {
                        str += oFruit[i].value;
                    }
                }
                alert(str);
            };
        }
    </script>
</head>
<body>
    <div>
        <label><input type="checkbox" name="fruit" value="苹果" />苹果</label>
        <label><input type="checkbox" name="fruit" value="香蕉" />香蕉</label>
        <label><input type="checkbox" name="fruit" value="西瓜" />西瓜</label>
    </div>
    <input id="btn" type="button" value="获取" />
</body>
</html>
```

浏览器预览效果如图 10-5 所示。

图10-5

分析：

复选框是可以多选的，我们随便选中几个，然后点击"获取"按钮，就可以得到所选复选框的值了。

举例：获取下拉列表的值

```html
<!DOCTYPE html>
<html xmlns="http://www.w3.org/1999/xhtml">
<head>
    <title></title>
    <script>
        window.onload = function ()
        {
            var oBtn = document.getElementById("btn");
            var oSelect = document.getElementById("select");

            oBtn.onclick = function ()
            {
                alert(oSelect.value);
            };
        }
    </script>
</head>
<body>
    <select id="select">
        <option value="北京">北京</option>
        <option value="上海">上海</option>
        <option value="广州">广州</option>
        <option value="深圳">深圳</option>
        <option value="杭州">杭州</option>
    </select>
    <input id="btn" type="button" value="获取" />
</body>
</html>
```

浏览器预览效果如图 10-6 所示。

分析：

在这个例子中，当我们随便选中一项，然后点击"获取"按钮，就能获取当前选中项的 value 值。

下拉菜单有点特殊，当用户选中哪一个 option 时，该 option 的 value 值就会自动变成当前 select 元素的 value 值。其中，value 是传给后台处理的，而标签中的文本是给用户看的，这两个值大多数时候是一样的，但有时会不一样，这个取决于我们的开发需求。

图10-6

上面我们介绍了怎么获取文本框、单选按钮、多选按钮、下拉菜单中的值，基本已经包括了所有的情况。这些技巧在实际开发中经常用到，大家要好好掌握。

10.1.2 设置HTML属性值

设置 HTML 元素的属性值，同样也是通过属性名来设置的，非常简单。

10.1 HTML属性操作（对象属性）

语法：

```
obj.attr = "值";
```

说明：

obj 是元素名，它一个 DOM 对象，attr 是属性名。

举例：

```
<!DOCTYPE html>
<html xmlns="http://www.w3.org/1999/xhtml">
<head>
    <title></title>
    <script>
        window.onload = function ()
        {
            var oBtn = document.getElementById("btn");
            oBtn.onclick = function ()
            {
                oBtn.value = "button";
            };
        }
    </script>
</head>
<body>
    <input id="btn" type="button" value="修改" />
</body>
</html>
```

浏览器预览效果如图 10-7 所示。

分析：

可能小伙伴们对这种写法感到熟悉，事实上在 8.5 节中创建元素时，也是使用 obj.attr 的方式来为元素设置属性的。当然对于动态 DOM 来说，我们不仅可以使用 obj.attr，也可以使用下一节介绍的 setAttribute() 方法来实现，大家可以去试一下。

图10-7

举例：

```
<!DOCTYPE html>
<html xmlns="http://www.w3.org/1999/xhtml">
<head>
    <title></title>
    <script>
        window.onload = function ()
        {
```

```
                var oBtn = document.getElementById("btn");
                var oPic = document.getElementById("pic");
                var flag = true;

                oBtn.onclick = function ()
                {
                    if (flag){
                        oPic.src = "images/2.png";
                        flag = false;
                    } else {
                        oPic.src = "images/1.png";
                        flag = true;
                    }
                };
            }
        </script>
    </head>
    <body>
        <input id="btn" type="button" value=" 修改 " /><br/>
        <img id="pic" src="images/1.png"/>
    </body>
</html>
```

浏览器预览效果如图 10-8 所示。当我们点击"修改"按钮之后,此时预览效果如图 10-9 所示。

图10-8

图10-9

分析:

这里使用了一个布尔变量 flag 来标识两种状态,使两张图片可以来回切换。

10.2 HTML属性操作(对象方法)

上一节我们介绍了怎么用"对象属性"方式来操作 HTML 属性,这一节再给大家详细介绍怎么用"对象方法"方式来操作 HTML 属性。为了操作 HTML 元素的属性,

JavaScript 为我们提供了四种方法。
- getAttribute()
- setAttribute()
- removeAttribute()
- hasAttribute()

10.2.1 getAttribute()

在 JavaScript 中，我们可以使用 getAttribute() 方法来获取元素的某个属性的值。
语法：

```
obj.getAttribute("attr")
```

说明：

obj 是元素名，attr 是属性名。getAttribute() 方法只有一个参数。注意，attr 是要用英文引号括起来的，初学者很容易忽略这个问题。下面两种获取属性值的形式是等价的。

```
obj.getAttribute("attr")
obj.attr
```

这两种方式都可以用来获取静态 HTML 的属性值以及动态 DOM 的属性值。
举例：获取固有属性值

```
<!DOCTYPE html>
<html xmlns="http://www.w3.org/1999/xhtml">
<head>
    <title></title>
    <script>
        window.onload = function ()
        {
            var oBtn = document.getElementById("btn");
            oBtn.onclick = function ()
            {
                alert(oBtn.getAttribute("id"));
            }
        }
    </script>
</head>
<body>
    <input id="btn" class="myBtn" type="button" value=" 获取 "/>
</body>
</html>
```

浏览器预览效果如图 10-10 所示。

分析：

在这个例子中，我们可以使用 oInput.id 来代替 oInput.getAttribute("id")，因为这两个是等价的。此外，使用 obj.getAttribute("attr") 这种方式，同样不仅可以用来获取静态 HTML 元素的属性值，还可以用来获取动态 DOM 元素中的属性值。这一点跟 obj.attr 是相同的。

现在最大的疑问就来了，为什么 JavaScript 要提供两种方式来操作 HTML 属性呢？JavaScript 创建者是不是有点闲得没事做了呢？那肯定不是。我们先来看一个例子。

图10-10

举例：获取自定义属性值

```
<!DOCTYPE html>
<html xmlns="http://www.w3.org/1999/xhtml">
<head>
    <title></title>
    <script>
        window.onload = function ()
        {
            var oBtn = document.getElementById("btn");

            oBtn.onclick = function ()
            {
                alert(oBtn.data);
            };
        }
    </script>
</head>
<body>
    <input id="btn" type="button" value=" 插入 " data="JavaScript"/>
</body>
</html>
```

浏览器预览效果如图 10-11 所示。当我们点击"提交"按钮后，此时预览效果如图 10-12 所示。

图10-11

图10-12

分析：

这里我们为 input 元素自定义了一个 data 属性。所谓的自定义属性，指的是这个属性是户自己定义的而不是元素自带的。此时我们使用 obj.attr（也就是对象属性方式）是无法实现的，只能用 getAttribute("attr")（也就是对象方法方式）来实现。

当我们把 oBtn.data 改为 oBtn.getAttribute("data")，然后点击"提交"按钮，此时浏览器预览效果如图 10-13 所示。

图10-13

对于自定义属性，我们可能不太熟悉。其实在 CSS3 动画以及实际开发中用得是非常多的，当然这是后面高级部分的知识。

10.2.2 setAttribute()

在 JavaScript 中，我们可以使用 setAttribute() 方法来设置元素的某个属性的值。
语法：

```
obj.setAttribute("attr"," 值 ")
```

说明：
obj 是元素名，attr 是属性名。setAttribute() 方法有两个参数，第一个参数是属性名，第二个参数是你要设置的属性值。下面两种设置属性值的形式是等价的。

```
obj.setAttribute("attr"," 值 ")
obj.attr = " 值 ";
```

举例：

```
<!DOCTYPE html>
<html xmlns="http://www.w3.org/1999/xhtml">
<head>
    <title></title>
    <script>
        window.onload = function ()
        {
            var oBtn = document.getElementById("btn");
            oBtn.onclick = function ()
            {
                oBtn.setAttribute("value", "button");
            };
        }
    </script>
</head>
<body>
```

```
            <input id="btn" type="button" value=" 修改 " />
    </body>
</html>
```

浏览器预览效果如图 10-14 所示。当我们点击"修改"按钮之后，浏览器预览效果如图 10-15 所示。

图 10-14   图 10-15

分析：
这里我们也可以使用 oInput.value = "button"；来代替 oInput.setAttribute("value", "button")。同样地，对于自定义属性的值设置，我们也只能用 setAttribute() 方法来实现。

10.2.3 removeAttribute()

在 JavaScript 中，我们可以使用 removeAttribute() 方法来删除元素的某个属性。
语法：
```
obj.removeAttribute("attr")
```

说明：
想要删除元素的某个属性，我们只有 removeAttribute() 这一个方法。此时，使用上一节"对象属性"操作就无法实现了，因为那种方式没有提供这样的方法。
举例：

```
<!DOCTYPE html>
<html xmlns="http://www.w3.org/1999/xhtml">
<head>
    <title></title>
    <style type="text/css">
        .main{color:red;font-weight:bold;}
    </style>
    <script>
        window.onload = function ()
        {
            var oP = document.getElementsByTagName("p");
            oP[0].onclick = function ()
```

```
            {
                oP[0].removeAttribute("class");
            };
        }
    </script>
</head>
<body>
    <p class="main">绿叶学习网</p>
</body>
</html>
```

浏览器预览效果如图10-16所示。

分析：

这里使用getElementsByTagName()方法来获取p元素，然后为p添加一个点击事件。在点击事件中，我们使用removeAttribute()方法来删除class属性。

removeAttribute()更多情况下是结合class属性来"整体"控制元素的样式属性的，我们再来看一个例子。

图10-16

举例：

```
<!DOCTYPE html>
<html xmlns="http://www.w3.org/1999/xhtml">
<head>
    <title></title>
    <style type="text/css">
        .main{color:red;font-weight:bold;}
    </style>
    <script>
        window.onload = function ()
        {
            var oP = document.getElementsByTagName("p");
            var oBtnAdd = document.getElementById("btn_add");
            var oBtnRemove = document.getElementById("btn_remove");

            // 添加class
            oBtnAdd.onclick = function () {
                oP[0].className = "main";
            };

            // 删除class
            oBtnRemove.onclick = function () {
                oP[0].removeAttribute("class");
            };
        }
    </script>
```

```
</head>
<body>
    <p>绿叶学习网</p>
    <input id="btn_add" type="button" value="添加样式"/>
    <input id="btn_remove" type="button" value="删除样式"/>
</body>
</html>
```

浏览器预览效果如图10-17所示。

图10-17

分析：

如果我们用 oP[0].className="";来代替 oP[0].removeAttribute("class");，效果也是一样的。

想要为一个元素添加一个 class（即使不存在 class 属性），可以使用：

```
oP[0].className = "main";
```

想要为一个元素删除一个 class，可以使用：

```
oP[0].className = "";
oP[0].removeAttribuge("class");
```

10.2.4　hasAttribute()

在 JavaScript 中，我们可以使用 hasAttribute() 方法来判断元素是否含有某个属性。

语法：

```
obj.hasAttribute("attr")
```

说明：

hasAttribute() 方法返回一个布尔值，如果包含该属性，则返回 true。如果不包含该属性，则返回 false。

实际上我们直接使用 removeAttribute() 删除元素的属性是不太正确的，比较严谨的做法是先用 hasAttribute() 判断这个属性是否存在，如果存在了才去删除。

举例：

```
<!DOCTYPE html>
<html xmlns="http://www.w3.org/1999/xhtml">
<head>
    <title></title>
    <style type="text/css">
        .main {color: red;font-weight: bold;}
    </style>
    <script>
        window.onload = function ()
        {
            var oP = document.getElementsByTagName("p");

            if (oP[0].hasAttribute("class"))
            {
                oP[0].onclick = function ()
                {
                    oP[0].removeAttribute("class");
                };
            }
        }
    </script>
</head>
<body>
    <p class="main">绿叶学习网 </p>
</body>
</html>
```

浏览器预览效果如图 10-18 所示。

最后，对于操作 HTML 属性的两种方式，我们总结一下。

- "对象属性方式"和"对象方法方式"，这两种方式都不仅可以操作静态 HTML 的属性，还可以操作动态 DOM 的属性。
- 只有"对象方法方式"才可以操作自定义属性。

图10-18

10.3 CSS属性操作

CSS 属性操作，指的是使用 JavaScript 来操作一个元素的 CSS 样式。在 JavaScript 中，CSS 属性操作同样有两种。

- 获取 CSS 属性值
- 设置 CSS 属性值

10.3.1 获取CSS属性值

在 JavaScript 中，我们可以使用 getComputedStyle() 方法来获取一个 CSS 属性的取值。

语法：

```
getComputedStyle(obj).attr
```

说明：

obj 表示 DOM 对象，也就是通过 getElementById()、getElementsByTagName() 等方法获取的元素节点。

attr 表示 CSS 属性名。我们要特别注意一点，这里的属性名使用的是"骆驼峰型"的 CSS 属性名。什么是"骆驼峰型"呢？举个例子，font-size 应该写成 fontSize，border-bottom-width 应该写成 borderBottomWidth（有没有感觉像骆驼峰），以此类推。

那像 CSS3 中"-webkit-box-shadow"这种奇葩的兼容性属性名该怎么写呢？也很简单，应该写成"webkitBoxShadow"。对于 CSS3，可以关注绿叶学习网的 CSS3 教程。

getComputedStyle() 有一定的兼容性，它支持 Google、Firefox 和 IE9 及以上，不支持 IE6、IE7 和 IE8。对于 IE6、IE7 和 IE8，可以使用 currentStyle 来实现兼容。不过由于 IE 逐渐退出历史舞台，我们可以直接舍弃 currentStyle，也就是不需要兼容低版本 IE 了。

举例：

```
<!DOCTYPE html>
<html xmlns="http://www.w3.org/1999/xhtml">
<head>
    <title></title>
    <style type="text/css">
        #box
        {
            width:100px;
            height:100px;
            background-color:hotpink;
        }
    </style>
    <script>
        window.onload = function ()
        {
            var oBtn = document.getElementById("btn");
            var oBox = document.getElementById("box");

            oBtn.onclick = function ()
            {
                alert(getComputedStyle(oBox).backgroundColor);
            };
```

```
        }
    </script>
</head>
<body>
    <input id="btn" type="button" value=" 获取颜色 " />
    <div id="box"></div>
</body>
</html>
```

浏览器预览效果如图 10-19 所示。当我们点击"获取颜色"按钮后，此时预览效果如图 10-20 所示。

图 10-19

图 10-20

分析：

getComputedStyle() 方法其实有两种写法，以下两种是等价的：

```
getComputedStyle(oBox).backgroundColor
getComputedStyle(oBox)["backgroundColor"]
```

也就是说：getComputedStyle(obj).attr 等价于 getComputedStyle(obj)["attr"]。

事实上，凡是对象的属性都有这两种写法，例如 oBtn.id 可以写成 oBtn["id"]，document.getElementById("btn") 可以写成 document["getElementById"]("btn")，以此类推。当然，这些是属于 JavaScript 进阶中面向对象的内容，可以关注一下绿叶学习网。

10.3.2 设置CSS属性值

在 JavaScript 中，想要设置一个 CSS 属性的值，我们有两种方式来实现。
- style 对象
- cssText() 方法

1. style对象

使用 style 对象来设置一个 CSS 属性的值，其实就是在元素的 style 属性来添加样式，这个设置的是"行内样式"。

语法：

```
obj.style.attr = "值";
```

说明：

obj 表示 DOM 对象，attr 表示 CSS 属性名，采用的同样是"骆驼峰"型。
obj.style.attr 等价于 obj.style["attr"]，例如 oDiv.style.width 等价于 oDiv.style["width"]。

举例：

```
<!DOCTYPE html>
<html xmlns="http://www.w3.org/1999/xhtml">
<head>
    <title></title>
    <style type="text/css">
        #box
        {
            width: 100px;
            height: 100px;
            background-color: hotpink;
        }
    </style>
    <script>
        window.onload = function ()
        {
            var oBtn = document.getElementById("btn");
            var oBox = document.getElementById("box");

            oBtn.onclick = function ()
            {
                oBox.style.backgroundColor = "lightskyblue";
            };
        }
    </script>
</head>
<body>
    <input id="btn" type="button" value=" 设置 " />
    <div id="box"></div>
</body>
</html>
```

浏览器预览效果如图 10-21 所示。当我们点击"设置"按钮后，此时预览效果如图 10-22 所示。

图 10-21   图 10-22

10.3 CSS属性操作

分析：

对于复合属性（如 border、font 等）来说，操作方式也是一样的，例如：

```
oBox.style.border = "2px solid blue";
```

举例：

```html
<!DOCTYPE html>
<html xmlns="http://www.w3.org/1999/xhtml">
<head>
    <title></title>
    <style type="text/css">
        #box
        {
            width:100px;
            height:100px;
            background-color:hotpink;
        }
    </style>
    <script>
        window.onload = function ()
        {
            var oBtn = document.getElementById("btn");
            var oBox = document.getElementById("box");

            oBtn.onclick = function ()
            {
                //获取2个文本框的值（也就是输入的内容）
                var attr = document.getElementById("attr").value;
                var val = document.getElementById("val").value;
                oBox.style[attr] = val;
            };
        }
    </script>
</head>
<body>
    属性：<input id="attr" type="text"/><br/>
    取值：<input id="val" type="text"/><br/>
    <input id="btn" type="button" value=" 设置 " />
    <div id="box"></div>
</body>
</html>
```

浏览器预览效果如图10-23所示。当我们在第一个文本框输入"backgroundColor"，第二个文本框输入"lightskyblue"，点击"设置"按钮，此时浏览器预览效果如图10-24所示。

图10-23

图10-24

分析：

我们获取的文本框value值其实是字符串，也就是说变量attr和val都是字符串来的。因此是不能使用obj.style.attr这种方式来设置CSS属性的，而必须使用obj.style["attr"]，这个我们要认真琢磨清楚。

使用style来设置CSS属性，最终是在元素的style属性添加的。对于上面这个例子，我们打开浏览器控制台（按F12）可以看出来，如图10-25所示。

图10-25

如果想要为上面一个元素同时添加多个样式如"width:50px;height:50px;background-color:lightskyblue;"，此时用style来实现，就得一个个来写，实现代码如下：

```
oDiv.style.width = "50px";
oDiv.style.height = "50px";
oDiv.style.backgroundColor = "lightskyblue";
```

那么有没有一种高效点的实现方式呢？当然，那就是cssText属性。

2．cssText属性

在JavaScript中，我们可以使用cssText属性来同时设置多个CSS属性，这也是在元素的style属性来添加的。

10.3 CSS属性操作

语法：

```
obj.style.cssText = "值";
```

说明：

obj 表示 DOM 对象，cssText 的值是一个字符串，例如：

```
oDiv.style.cssText = "width:100px;height:100px;border:1px solid gray;";
```

注意这个字符串中的属性名不再使用骆驼峰型写法，而是用平常的 CSS 写法，例如 background-color 应该写成 background-color，而不是 backgroundColor。

举例：

```html
<!DOCTYPE html>
<html xmlns="http://www.w3.org/1999/xhtml">
<head>
    <title></title>
    <style type="text/css">
        #box
        {
            width:100px;
            height:100px;
            background-color:hotpink;
        }
    </style>
    <script>
        window.onload = function ()
        {
            var oBtn = document.getElementById("btn");
            var oBox = document.getElementById("box");

            oBtn.onclick = function ()
            {
                // 获取2个文本框的值（也就是输入的内容）
                var txt = document.getElementById("txt").value;
                oBox.style.cssText = txt;
            };
        }
    </script>
</head>
<body>
    <input id="txt" type="text"/>
    <input id="btn" type="button" value="设置" />
    <div id="box"></div>
</body>
</html>
```

浏览器预览效果如图 10-26 所示。

图10-26

分析：
当我们在文本框输入下面这个字符串，然后点击"设置"按钮，就会发现元素的样式改变了。

```
width:50px;height:50px;background-color:lightskyblue;
```

使用 cssText 来设置 CSS 属性，最终也是在元素的 style 属性中添加的。对于上面这个例子，我们打开浏览器控制台（按 F12）可以看出来，如图 10-27 所示：

图10-27

在实际开发的时候，如果想要为一个元素同时设置多个 CSS 属性，我们很少使用 cssText 来实现，更倾向于使用操作 HTML 属性的方式给元素加上一个 class 属性值，从而把样式整体给元素添加上。这个技巧非常棒，在实际开发中经常用到。

举例：

```
<!DOCTYPE html>
<html xmlns="http://www.w3.org/1999/xhtml">
<head>
    <title></title>
    <style type="text/css">
        .oldBox
        {
            width: 100px;
            height: 100px;
```

```
            background-color: hotpink;
        }
        .newBox
        {
            width:50px;
            height:50px;
            background-color:lightskyblue;
        }
    </style>
    <script>
        window.onload = function ()
        {
            var oBtn = document.getElementById("btn");
            var oBox = document.getElementById("box");

            oBtn.onclick = function ()
            {
                oBox.className = "newBox";
            };
        }
    </script>
</head>
<body>
    <input id="btn" type="button" value=" 切换 " />
    <div id="box" class="oldBox"></div>
</body>
</html>
```

浏览器预览效果如图 10-28 所示。

图10-28

10.3.3 最后一个问题

上面已经把 CSS 属性操作介绍得差不多了，不过还剩下最后一个问题，那就是：获取 CSS 属性值，不可以用 obj.style.attr 或 obj.cssText.attr 吗？为什么一定要用 getComputedStyle() 呢？对于这个疑问，我们可以先用例子试一下。

举例：内部样式

```
<!DOCTYPE html>
<html xmlns="http://www.w3.org/1999/xhtml">
<head>
    <title></title>
    <style type="text/css">
        #box
        {
            width: 100px;
            height: 100px;
            background-color: hotpink;
        }
    </style>
    <script>
        window.onload = function ()
        {
            var oBtn = document.getElementById("btn");
            var oBox = document.getElementById("box");

            oBtn.onclick = function ()
            {
                alert(oBox.style.width);
            };
        }
    </script>
</head>
<body>
    <input id="btn" type="button" value="获取宽度" />
    <div id="box"></div>
</body>
</html>
```

浏览器预览效果如图 10-29 所示。

分析：

当我们点击按钮后，会发现对话框的内容是空的，也就是没有获取成功。为什么呢？其实我们都知道，obj.style.attr 只可以获取元素 style 属性中设置的 CSS 属性，对于内部样式或者外部样式，它是没办法获取的。请看下面例子。

图10-29

举例：行内样式

```
<!DOCTYPE html>
<html xmlns="http://www.w3.org/1999/xhtml">
<head>
    <title></title>
    <script>
```

```
            window.onload = function ()
            {
                var oBtn = document.getElementById("btn");
                var oBox = document.getElementById("box");

                oBtn.onclick = function ()
                {
                    alert(oBox.style.width);
                };
            }
        </script>
    </head>
    <body>
        <input id="btn" type="button" value=" 获取宽度 " />
        <div id="box" style="width:100px;height:100px;background-color:hotpink"></div>
    </body>
</html>
```

浏览器预览效果如图 10-30 所示。

分析：

在这个例子中，我们使用行内样式，点击按钮后，就可以获取到宽度了。可能有些人会想到使用 oBx.cssText.width，其实 JavaScript 是没有这种写法的。到这里，相信大家都知道为什么只能用 getComputedStyle() 方法了吧。

图10-30

getComputedStyle()，从名字上就可以看出来：get computed style（获取计算后的样式）。所谓"计算后的样式"，就是不管是内部样式，还是行内样式，最终获取的是根据 CSS 优先级计算后的结果。CSS 优先级是相当重要的，也是属于 CSS 进阶的技巧，对于这个，可以关注《Web 前端开发精品课——HTML 与 CSS 进阶教程》。

举例： getComputedStyle()

```
<!DOCTYPE html>
<html xmlns="http://www.w3.org/1999/xhtml">
<head>
    <title></title>
    <style type="text/css">
        #box{width:150px !important;}
    </style>
    <script>
        window.onload = function ()
        {
            var oBtn = document.getElementById("btn");
            var oBox = document.getElementById("box");

            oBtn.onclick = function ()
```

```
            {
                var width = getComputedStyle(oBox).width;
                alert("元素宽度为:" + width);
            };
        }
    </script>
</head>
<body>
    <input id="btn" type="button" value="获取宽度" />
    <div id="box" style="width:100px;height:100px;background-color:hotpink"></div>
</body>
</html>
```

浏览器预览效果如图 10-31 所示。当我们点击 "获取宽度" 按钮后，会弹出对话框如图 10-32 所示。

图10-31

图10-32

分析：

从预览效果就可以看出来了，由于使用了 "!important"，根据 CSS 优先级的计算，box 的最终宽度为 150px。如果用 oBox.style.width 获取的结果却是 100px，然而我们都知道这是不正确的。

疑问：

使用 style 对象来设置样式时，为什么我们不能使用 "background-color" 这种写法，而必须使用 "backgroundColor" 这种骆驼峰型写法呢？

大家别忘了，在 obj.style.backgroundColor 中，backgroundColor 其实也是一个变量来的，变量中是不允许出现中划线的，因为中划线在 JavaScript 中是减号的意思。

10.4 DOM遍历

DOM 遍历，可以简单理解为 "查找元素" 的意思。举个例子，如果你使用 getElementById() 等方法获取一个元素，然后又想得到该元素的父元素、子元素，甚至是下一个兄弟元素，这就是 DOM 遍历。

你至少要知道 DOM 遍历是查找元素的意思，因为很多地方都用到了这个术语。在 JavaScript 中，对于 DOM 遍历，我们可以分为以下三种情况。

- 查找父元素
- 查找子元素
- 查找兄弟元素

DOM 遍历，也就是查找元素，主要以"当前所选元素"为基点，然后查找它的父元素、子元素或者兄弟元素。

10.4.1 查找父元素

在 JavaScript 中，我们可以使用 parentNode 属性来获得某个元素的父元素。

语法：

```
obj.parentNode
```

说明：

obj 是一个 DOM 对象，指的是使用 getElementById()、getElementsByTagName() 等方法获取的元素。

举例：

```
<!DOCTYPE html>
<html xmlns="http://www.w3.org/1999/xhtml">
<head>
    <title></title>
    <style type="text/css">
        table{border-collapse:collapse;}
        table,tr,td{border:1px solid gray;}
    </style>
    <script>
        window.onload = function ()
        {
            var oTd = document.getElementsByTagName("td");

            // 遍历每一个td元素
            for (var i = 0; i < oTd.length; i++)
            {
                // 为每一个td元素添加点击事件
                oTd[i].onclick = function ()
                {
                    // 获得当前td的父元素（即tr）
                    var oParent = this.parentNode;

                    // 为当前td的父元素添加样式
                    oParent.style.color = "white";
                    oParent.style.backgroundColor = "red";
                };
            }
```

```
        }
    </script>
</head>
<body>
    <table>
        <caption>考试成绩表</caption>
        <tr>
            <td>小明</td>
            <td>80</td>
            <td>80</td>
            <td>80</td>
        </tr>
        <tr>
            <td>小芳</td>
            <td>90</td>
            <td>90</td>
            <td>90</td>
        </tr>
        <tr>
            <td>小杰</td>
            <td>100</td>
            <td>100</td>
            <td>100</td>
        </tr>
    </table>
</body>
</html>
```

浏览器预览效果如图 10-33 所示。

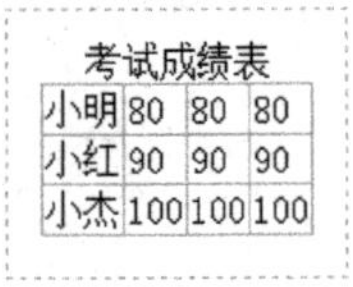

考试成绩表

小明	80	80	80
小红	90	90	90
小杰	100	100	100

图10-33

分析：

这个例子实现的效果是：当我们随便点击一个单元格时，就会为该单元格所在的行设置样式。也就是说，我们要找到当前 td 元素的父元素（即 tr）。如果我们尝试使用 querySeletor() 和 querySelectorAll() 是没办法实现的。

不少初学者在接触 DOM 操作的时候，不知道什么时候用类数组，什么时候不用类数组？其实凡是单数的就不用，例如 parentNode 只有一个，就不需要用类数组。

10.4.2　查找子元素

在 JavaScript 中，我们可以使用以下两组方式来获得父元素中的所有子元素或某个子元素。

- childNodes、firstChild、lastChild
- children、firstElementChild、lastElementChild

其中，childNodes 获取的是所有的子节点。注意，这个子节点是包括元素节点以及文本节点的。而 children 获取的是所有元素节点，不包括文本节点。

举例：childNodes 与 children 的比较

```
<!DOCTYPE html>
<html xmlns="http://www.w3.org/1999/xhtml">
<head>
    <title></title>
    <script>
        window.onload = function ()
        {
            var oUl = document.getElementById("list");
            var childNodesLen = oUl.childNodes.length;
            var childrenLen = oUl.children.length;

            alert("childNodes 的长度为：" + childNodesLen + "\n" +
"children 的长度为：" + childrenLen);
        }
    </script>
</head>
<body>
    <ul id="list">
        <li>HTML</li>
        <li>CSS</li>
        <li>JavaScript</li>
    </ul>
</body>
</html>
```

浏览器预览效果如图 10-34 所示。

分析：

children.length 获取的是元素节点的长度，返回结果为 3，这个我们没有疑问。childNodes.length 获取的是子节点的长度，返回结果却是 7，这是怎么回事呢？

其实对于 ul 元素来说，childNodes 包括了三个子元素节点和四个子文本节点。我们可以看到每一个 li 元素之间都是换行的，对吧？每一次换行都是一个空白节点，JavaScript 会把这些空白节点当做文本节点来处理，如图 10-35 所示。

图 10-34

图 10-35

再回到这个例子，由于每一次换行都是一个子节点，我们数一下就知道是四个了。注意，第一个 li 前面也有一次换行，最后一个 li 后面也有一次换行，因为都在 ul 元素中，肯定要算上的。

举例：

```html
<!DOCTYPE html>
<html xmlns="http://www.w3.org/1999/xhtml">
<head>
    <title></title>
    <script>
        window.onload = function ()
        {
            var oBtn = document.getElementById("btn");
            var oUl = document.getElementById("list");

            oBtn.onclick = function ()
            {
                oUl.removeChild(oUl.lastChild);
            }
        }
    </script>
</head>
<body>
    <ul id="list">
        <li>HTML</li>
        <li>CSS</li>
        <li>JavaScript</li>
        <li>jQuery</li>
        <li>Vue.js</li>
    </ul>
    <input id="btn" type="button" value="删除" />
</body>
</html>
```

浏览器预览效果如图 10-36 所示。

分析：

当我们尝试点击"删除"按钮时，会发现一个很奇怪的现象：需要点击两次才可以删除一个 li 元素。

为什么会这样呢？其实好多小伙伴都忘了：两个元素之间的"换行空格"其实也是一个节点。因此在删除节点的时候，第一次点击删除的是"文本节点"，第二次点击删除的才是 li 元素。解决办法有两个。

- 将 li 元素间的"换行空格"去掉
- 使用 nodeType 来判断。

图 10-36

我们都知道，元素节点的 nodeType 属性值为 1，文本节点的 nodeType 属性值为 3。然后使用 if 判断，如果 oUl.lastChild.nodeType 值为 3，则执行 removeChild() 两次，第一次删除"空白节点"，第二次删除元素。如果 oUl.lastChild.nodeType 值不为 3，则只执行 removeChild() 一次。改进后的代码如下。

举例：

```
<!DOCTYPE html>
<html xmlns="http://www.w3.org/1999/xhtml">
<head>
    <title></title>
    <script>
        window.onload = function ()
        {
            var oBtn = document.getElementById("btn");
            var oUl = document.getElementById("list");

            oBtn.onclick = function ()
            {
                if (oUl.lastChild.nodeType == 3) {
                    oUl.removeChild(oUl.lastChild);
                    oUl.removeChild(oUl.lastChild);
                } else {
                    oUl.removeChild(oUl.lastChild);
                }
            }
        }
    </script>
</head>
<body>
    <ul id="list">
        <li>HTML</li>
        <li>CSS</li>
        <li>JavaScript</li>
        <li>jQuery</li>
        <li>Vue.js</li>
    </ul>
    <input id="btn" type="button" value=" 删除 " />
</body>
</html>
```

浏览器预览效果如图 10-37 所示。

分析：

从上面我们也可以看出来了，使用 childNodes、firstChild、lastChild 这几个来操作元素节点是非常麻烦的，因为它们都把文本节点（一般是空白节点）算进来了。实际上这种是旧的做法，JavaScript 为了让我们可以快速进行开发，提供了新的方法，也就是只针对元素节点的操作属性：children、

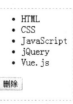

图10-37

firstElementChild、lastElementChild。

举例：

```html
<!DOCTYPE html>
<html xmlns="http://www.w3.org/1999/xhtml">
<head>
    <title></title>
    <script>
        window.onload = function ()
        {
            var oBtn = document.getElementById("btn");
            var oUl = document.getElementById("list");

            oBtn.onclick = function ()
            {
                oUl.removeChild(oUl.lastElementChild);
            }
        }
    </script>
</head>
<body>
    <ul id="list">
        <li>HTML</li>
        <li>CSS</li>
        <li>JavaScript</li>
        <li>jQuery</li>
        <li>Vue.js</li>
    </ul>
    <input id="btn" type="button" value=" 删除 " />
</body>
</html>
```

浏览器预览效果如图 10-38 所示。

分析：

这里我们使用 "oUl.removeChild(oUl.lastElement Child);" 一句代码就可以轻松搞定。此外，firstElementChild 获取的是第一个子元素节点，lastElementChild 获取的是最后一个子元素节点，如果我们想要获取任意一个子元素节点，可以使用 children[i] 的方式来实现。

图10-38

10.4.3 查找兄弟元素

在 JavaScript 中，我们可以使用以下两组方式来获得兄弟元素。

- previousSibling、nextSibling

10.4 DOM遍历

- previousElementSibling、nextElementSibling

previousSibling 查找前一个兄弟节点，nextSibling 查找后一个兄弟节点。previousElementSibling 查找前一个兄弟元素节点，nextElementSibling 查找后一个兄弟元素节点。

跟查找子元素的两组方式一样，previousSibling 和 nextSibling 查找出来的可能是文本节点（一般是空白节点），因此如果你希望只操作元素节点，建议用 previousElementSibling 和 nextElementSibling。

举例：

```
<!DOCTYPE html>
<html xmlns="http://www.w3.org/1999/xhtml">
<head>
    <title></title>
    <script>
        window.onload = function ()
        {
            var oBtn = document.getElementById("btn");
            var oUl = document.getElementById("list");

            oBtn.onclick = function ()
            {
                var preElement = oUl.children[2].previousElementSibling;
                oUl.removeChild(preElement);
            };
        }
    </script>
</head>
<body>
    <ul id="list">
        <li>HTML</li>
        <li>CSS</li>
        <li>JavaScript</li>
        <li>jQuery</li>
        <li>Vue.js</li>
    </ul>
    <input id="btn" type="button" value=" 删除 " />
</body>
</html>
```

浏览器预览效果如图 10-39 所示。

分析：

我们实现的是把第三个列表项前一个兄弟元素删除。这里如果用 previousSibling 来代替 previousElementSibling，就实现不了了。

图10-39

疑问：

DOM 遍历提供的这些查找方法，跟之前 8.4 节介绍的获取元素方法有什么不同？

DOM 遍历这些方法其实就是对 8.4 节那些方法的一个补充。DOM 遍历中的方法让我们可以实现前者无法实现的操作,例如获取某一个元素的父元素、获取当前点击位置下的子元素等。

10.5 innerHTML和innerText

在前面的学习中,如果想要创建一个动态 DOM 元素,我们都是将元素节点、属性节点、文本节点一个个使用 appendChild() 等方法拼凑起来。如果插入的元素比较简单,这种方法还可以。要是插入的元素非常复杂的话,就不太适合了。

在 JavaScript 中,我们可以使用 innerHTML 属性很方便地获取和设置一个元素的"内部元素",也可以使用 innerText 属性获取和设置一个元素的"内部文本"。

举例:

```
<!DOCTYPE html>
<html xmlns="http://www.w3.org/1999/xhtml">
<head>
    <title></title>
    <script>
        window.onload = function ()
        {
            var oImg = document.createElement("img");
            oImg.className = "pic";
            oImg.src = "images/haizei.png";
            oImg.style.border = "1px solid silver";

            document.body.appendChild(oImg);
        }
    </script>
</head>
<body>
</body>
</html>
```

浏览器预览效果如图 10-40 所示。

图10-40

10.5 innerHTML和innerText

分析：

像这个例子，如果我们用 innerHTML 来实现，就非常简单了，代码如下：

```
document.body.innerHTML = '<img class="pic" src="images/haizei.png" style="border:1px solid silver"/>';
```

举例：

```
<!DOCTYPE html>
<html xmlns="http://www.w3.org/1999/xhtml">
<head>
    <title></title>
    <script>
        window.onload = function ()
        {
            var oP = document.getElementById("content");
            document.getElementById("txt1").value = oP.innerHTML;
            document.getElementById("txt2").value = oP.innerText;
        }
    </script>
</head>
<body>
    <p id="content"><strong style="color:hotpink;">绿叶学习网</strong></p>
    innerHTML是：<input id="txt1" type="text"><br />
    innerText是：<input id="txt2" type="text">
</body>
</html>
```

浏览器预览效果如图 10-41 所示。

图10-41

分析：

从这个例子可以看出，innerHTML 获取的是元素内部所有的内容，而 innerText 获取的仅仅是文本内容。

举例：

```
<!DOCTYPE html>
<html xmlns="http://www.w3.org/1999/xhtml">
<head>
    <title></title>
    <script>
```

215

```
            window.onload = function ()
            {
                var oDiv = document.getElementsByTagName("div")[0];
                oDiv.innerHTML = '<span> 绿叶学习网 </span>\
                                  <span style="color:hotpink;">JavaScript</span>\
                                  <span style="color:deepskyblue;">入门教程 </span>';
            }
        </script>
    </head>
    <body>
        <div></div>
    </body>
</html>
```

浏览器预览效果如图 10-42 所示。

绿叶学习网JavaScript入门教程

图10-42

分析：

如果让大家使用之前的 appendChild() 方法来实现，这可真是难为大家了。细心的小伙伴可能还注意到了一点，这个例子 innerHTML 后面的字符串可以换行来写。一般情况下，代码里面的字符串是不能换行的，但是为了可读性，我们往往希望将字符串截断分行显示。方法很简单，只需要在字符串每一行后面加上个反斜杠（\）就可以了。这是一个非常实用的小技巧。

对于 innerHTML 和 innerText 这两个属性的区别，从表 10-1 就可以很清晰地比较出来。

表 10-1　　　　　　　　innerHTML 和 innerText 的区别

HTML 代码	innerHTML	innerText
<div> 绿叶学习网 </div>	绿叶学习网	绿叶学习网
<div><em> 绿叶学习网 </em></div>	<em> 绿叶学习网 </em>	绿叶学习网
<div><em></em></div>	<b></b>	（空字符串）

疑问：

innerText 兼容性不是不好吗？为什么还要用它呢？

在以前，只有 IE、Chrome 等都支持 innerText，而 Firefox 不支持。现在 Firefox 新版本已经全面支持 innerText 了，对于旧版本的 Firefox 的兼容性，不需要去理睬。Web 前端速度如此之快，我们都是往前看，而不是往后看的。

事实上，还有一个跟 innerText 等价的属性，那就是 textcontent。在以前，为了兼容所有浏览器，我们用的都是这个。当然现在也可以使用 textcontent 来代替 innerText，效果是一样的。innerText，从字面上来看，刚好对应于 innerHTML，很容易记住。

第 11 章

事件基础

11.1 事件是什么？

在之前的学习中，我们接触过鼠标点击事件（即 onclick）。那事件究竟是什么呢？举个例子，当我们点击一个按钮时，会弹出一个对话框。其中"点击"就是一个事件，"弹出对话框"就是我们在点击这个事件后发生的动作。

在 JavaScript 中，一个事件应该有三部分。
- 事件主角：是按钮还是 div 元素或是其他？
- 事件类型：是点击还是移动或是其他？
- 事件过程：这个事件都发生了些什么？

当然还有目睹整个事件的用户。像点击事件，也需要用户点了按钮才会发生。很好理解吧？一个"事件"就这样诞生了。

在 JavaScript 中，事件一般是用户对页面的一些"小动作"引起的，例如按下鼠标、移动鼠标等，这些都会触发相应的一个事件。JavaScript 常见的事件共有以下五种。
- 鼠标事件
- 键盘事件
- 表单事件
- 编辑事件
- 页面事件

事件操作是 JavaScript 的核心，在 JavaScript 入门阶段，我们主要给大家讲解最实用的事件，大家掌握这些就可以了。对于更加高级的内容如事件冒泡、事件模型等，我们在 JavaScript 进阶再给大家详细介绍。

11.2 事件调用方式

在 JavaScript 中，调用事件的方式有两种：
- 在 script 标签中调用
- 在元素中调用

11.2.1 在script标签中调用

在 script 标签中调用事件，指的是在"<script></script>"标签内部调用事件。

语法：

```
obj.事件名 = function()
{
    ......
};
```

说明：

obj 是一个 DOM 对象，所谓的 DOM 对象，指的是使用 getElementById()、getElementsByTagName() 等方法获取到的元素节点。

由于上面是一个赋值语句，而语句一般都要以英文分号结束，所以最后需要添加一个英文分号";"。虽然没加上也不会报错，不过为了规范，还是加上比较好。

举例：

```
<!DOCTYPE html>
<html xmlns="http://www.w3.org/1999/xhtml">
<head>
    <title></title>
    <script>
        window.onload = function ()
        {
            // 获取元素
            var oBtn = document.getElementById("btn");
            // 为元素添加点击事件
            oBtn.onclick = function ()
            {
                alert(" 绿叶学习网 ");
            };
        }
    </script>
</head>
```

```
<body>
    <input id="btn" type="button" value=" 弹出 " />
</body>
</html>
```

浏览器预览效果如图 11-1 所示。当我们点击"弹出"按钮后，此时预览效果如图 11-2 所示。

图11-1

图11-2

分析：

```
oBtn.onclick = function () {alert(" 绿叶学习网 ");};
```

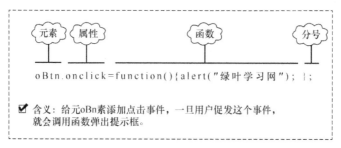

图11-3

是不是跟给元素属性赋值很相似呢？其实，这种事件调用方式从本质上来说就是操作元素的属性。只不过这个属性不是一般的属性，而是"事件属性"。上面这句代码的意思就是给元素的 onclick 属性赋值，这个值是一个函数。函数也是可以被赋值给一个变量的，这个我们学到后面就知道了。

小伙伴们一定要从操作元素的 HTML 属性这个角度来看待事件操作，这能让你对事件操作理解得更深。

11.2.2 在元素中调用事件

在元素中调用事件，指的是直接在 HTML 属性中来调用事件，这个属性又叫作"事件属性"。

举例：

```
<!DOCTYPE html>
<html xmlns="http://www.w3.org/1999/xhtml">
<head>
    <title></title>
    <script>
        function alertMes()
        {
            alert("绿叶学习网");
        }
    </script>
</head>
<body>
    <input type="button" onclick="alertMes()" value="弹出" />
</body>
</html>
```

浏览器预览效果如图11-4所示。当我们点击"弹出"按钮后，预览效果如图11-5所示。

图11-4

图11-5

分析：
事实上，上面这个例子还可以写成下面这种形式，两者是等价的。

```
<!DOCTYPE html>
<html xmlns="http://www.w3.org/1999/xhtml">
<head>
    <title></title>
</head>
<body>
    <input type="button" onclick="alert('绿叶学习网')" value="弹出" />
</body>
</html>
```

在script标签中调用事件，我们需要使用getElementById()、getElementsByTagName()等方法来获取想要的元素，然后才能对其进行事件操作。

在元素属性中调用事件，我们是不需要使用 getElementById()、getElementsByTagName() 等方法来获取想要的元素的，因为系统已经知道事件的主角是哪个元素了。

在实际开发中，我们更倾向于在 script 标签中调用事件，因为这种方式可以使结构（HTML）与行为（JavaScript）分离，代码更具有可读性和维护性。

11.3 鼠标事件

从这一节开始，我们正式开始实操 JavaScript 中的各种事件。事件操作是 JavaScript 核心之一，也是本书的重中之重，因为 JavaScript 本身就是一门基于事件的编程语言。

在 JavaScript 中，常见的鼠标事件如表 11-1 所示。

表 11-1　　　　　　　　　　　　　　　鼠标事件

事件	说明
onclick	鼠标单击事件
onmouseover	鼠标移入事件
onmouseout	鼠标移出事件
onmousedown	鼠标按下事件
onmouseup	鼠标松开事件
onmousemove	鼠标移动事件

鼠标事件非常多，这里我们只列出最实用的，以免增加大家的记忆负担。从表 11-1 可以看出，事件名都是以 "on" 开头的。对于这些事件的名字，从英文意思的角度来是很好理解和记忆的。

11.3.1 鼠标单击

单击事件 onclick，我们在之前已经接触过非常多了，例如点击某个按钮弹出一个提示框。这里要特别注意一点，单击事件不只是按钮才有，任何元素我们都可以为它添加单击事件。

举例：

```
<!DOCTYPE html>
<html xmlns="http://www.w3.org/1999/xhtml">
<head>
    <title></title>
    <style type="text/css">
        #btn
        {
            display: inline-block;
            width: 80px;
            height: 24px;
```

```
                line-height: 24px;
                font-family: 微软雅黑;
                font-size:15px;
                text-align: center;
                border-radius: 3px;
                background-color: deepskyblue;
                color: White;
                cursor: pointer;
            }
            #btn:hover {background-color: dodgerblue;}
        </style>
        <script>
            window.onload = function ()
            {
                var oDiv = document.getElementById("btn");
                oDiv.onclick = function ()
                {
                    alert("玩我么？");
                };
            };
        </script>
    </head>
    <body>
        <div id="btn">调试代码</div>
    </body>
</html>
```

浏览器预览效果如图 11-6 所示。

分析：

这里我们使用 div 元素模拟出一个按钮，并且为它添加了单击事件。当我们点击"调试代码"按钮之后，就会弹出提示框。

在实际开发中，为了更好的用户体验，我们一般不会使用表单按钮，而更倾向于使用其他元素结合 CSS 模拟出来。因为表单按钮的外观不太美观。

图11-6

举例：

```
<!DOCTYPE html>
<html xmlns="http://www.w3.org/1999/xhtml">
<head>
    <title></title>
    <script>
        window.onload = function ()
        {
```

```
                var oBtn = document.getElementById("btn");
                oBtn.onclick = alertMes;
                function alertMes() {
                    alert(" 欢迎来到绿叶学习网！ ");
                };
            }
        </script>
    </head>
    <body>
        <input id="btn" type="button" value=" 按钮 "/>
    </body>
</html>
```

浏览器预览效果如图 11-7 所示。

图11-7

分析：

```
oBtn.onclick = alertMes;
function alertMes()
{
    alert(" 欢迎来到绿叶学习网！ ");
};
```

上面这种代码其实可以等价于：

```
oBtn.onclick = function ()
{
    alert(" 欢迎来到绿叶学习网！ ");
};
```

这两种写法都是等价的，小伙伴们要了解一下。

11.3.2 鼠标移入和鼠标移出

当用户将鼠标移入到某个元素上面时，就会触发 onmouseover 事件。如果将鼠标移出某个元素时，就会触发 onmouseout 事件。onmouseover 和 onmouseout 这两个是一组好搭档，平常都是形影不离的。

onmouseover 和 onmouseout 分别用于控制鼠标"移入"和"移出"这两种状态。例如在下拉菜单导航中，鼠标移入会显示二级导航，鼠标移出则会收起二级导航。

举例：

```html
<!DOCTYPE html>
<html xmlns="http://www.w3.org/1999/xhtml">
<head>
    <title></title>
    <script>
        window.onload = function ()
        {
            var oP = document.getElementById("content");

            oP.onmouseover = function ()
            {
                this.style.color = "red";
            };
            oP.onmouseout = function ()
            {
                this.style.color = "black";
            };
        };
    </script>
</head>
<body>
    <p id="content">绿叶学习网 </p>
</body>
</html>
```

浏览器预览效果如图 11-8 所示。

图11-8　鼠标移入和移出

分析：

这里的 this 指向的是 oP，也就是 this.style.color="red"; 这一句代码其实等价于

```
oP.style.color = "red";
```

this 的使用是非常复杂的，这里我们只是简单介绍一下。对于更高级的技术，可以关注一下绿叶学习网的 JavaScript 进阶教程。

上面这个例子虽然简单，但是方法已经教给大家了。大家可以尝试使用 onmouseover 和 onmouseout 这两个事件来设计下拉菜单效果。

11.3.3 鼠标按下和鼠标松开

当用户按下鼠标时，会触发 onmousedown 事件。当用户松开鼠标时，则会触发 onmouseup 事件。

onmousedown 表示鼠标按下的一瞬间所触发的事件，而 onmouseup 表示鼠标松开的一瞬间所触发的事件。当然我们都知道，只有"按下"才有"松开"。

举例：

```
<!DOCTYPE html>
<html xmlns="http://www.w3.org/1999/xhtml">
<head>
    <title></title>
    <script>
        window.onload = function ()
        {
            var oDiv = document.getElementById("title");
            var oBtn = document.getElementById("btn");

            oBtn.onmousedown = function ()
            {
                oDiv.style.color = "red";
            };
            oBtn.onmouseup = function ()
            {
                oDiv.style.color = "black";
            };
        };
    </script>
</head>
<body>
    <h1 id="title">绿叶学习网</h1>
    <hr />
    <input id="btn" type="button" value="button" />
</body>
</html>
```

浏览器预览效果如图 11-9 所示。

图11-9　鼠标按下和鼠标松开

分析：

在实际开发中，onmousedown、onmouseup 和 onmousemove 这三个经常是配合来实现拖拽、抛掷等效果的，不过这些效果非常复杂，我们在 JavaScript 进阶阶段再详细介绍。

11.4　键盘事件

在 JavaScript 中，常用的键盘事件共有两种。
- 键盘按下：onkeydown
- 键盘松开：onkeyup

onkeydown 表示键盘按下一瞬间所触发的事件，而 onkeyup 表示键盘松开一瞬间所触发的事件。对于键盘来说，都是先有"按下"才有"松开"，也就是 onkeydown 发生在 onkeyup 之前。

举例：统计输入字符的长度

```
<!DOCTYPE html>
<html xmlns="http://www.w3.org/1999/xhtml">
<head>
    <title></title>
    <script>
        window.onload = function ()
        {
            var oTxt = document.getElementById("txt");
            var oNum = document.getElementById("num");

            oTxt.onkeyup = function ()
            {
                var str = oTxt.value;
                oNum.innerHTML = str.length;
            };
        };
    </script>
</head>
```

```
<body>
    <input id="txt" type="text" />
    <div>字符串长度为:<span id="num">0</span></div>
</body>
</html>
```

浏览器预览效果如图11-9所示。

分析:

在这个例子中,我们实现的效果是:在用户输入字符串后,程序会自动计算字符串的长度。

实现原理很简单,每输入一个字符,我们都需要点击一下键盘。当每次输完该字符,即松开键盘时,都会触发一次onkeyup事件,此时我们计算字符串的长度就可以了。

图11-10

举例:验证输入是否正确

```
<!DOCTYPE html>
<html xmlns="http://www.w3.org/1999/xhtml">
<head>
    <title></title>
    <script>
        window.onload = function ()
        {
            var oTxt = document.getElementById("txt");
            var oDiv = document.getElementById("content");
            // 定义一个变量,保存正则表达式
            var myregex = /^[0-9]*$/;

            oTxt.onkeyup = function ()
            {
                // 判断是否输入为数字
                if (myregex.test(oTxt.value)) {
                    oDiv.innerHTML = " 输入正确 ";
                } else {
                    oDiv.innerHTML = " 必须输入数字 ";
                }
            };

        };
    </script>
</head>
<body>
    <input id="txt" type="text" />
    <div id="content" style="color:red;"></div>
</body>
</html>
```

浏览器预览效果如图11-10所示。当我们输入文本时，此时预览效果如图11-11所示。

图11-11

图11-12

分析：

几乎每一个网站的注册功能都会涉及表单验证，例如判断用户名是否已注册、密码长度是否满足、邮箱格式是否正确等。而表单验证，就离不开正则表达式。其实正则表达式也是 JavaScript 非常重要的内容，这个可以关注绿叶学习网的正则表达式在线教程。

键盘事件一般有两个用途：①表单操作；②动画控制。对于动画控制，常见于游戏开发中，例如，LOL 中控制英雄的行走或放大招，就是通过键盘来控制的。用键盘事件来控制动画一般比较难，我们放到后面再介绍。

11.5 表单事件

在 JavaScript 中，常用的表单事件有三种。
- onfocus 和 onblur
- onselect
- onchange

实际上，除了上面这几个，还有一个 submit 事件。不过 submit 事件一般都是结合后端技术来使用，我们暂时可以不管。

11.5.1 onfocus和onblur

onfocus 表示获取焦点时触发的事件，而 onblur 表示失去焦点时触发的事件，两者是相反操作。

onfocus 和 onblur 这两个事件往往都是配合一起使用的。例如当用户准备在文本框中输入内容时，它会获得光标，触发 onfocus 事件。当文本框失去光标时，就会触发 onblur 事件。

并不是所有的 HTML 元素都有焦点事件，具有"获取焦点"和"失去焦点"特点的元素只有两种。
- 表单元素（单选框、复选框、单行文本框、多行文本框、下拉列表）
- 超链接

判断一个元素是否具有焦点很简单，我们打开一个页面后按 Tab 键，能够选中的就是具有焦点特性的元素。在实际开发中，焦点事件（onfocus 和 onblur）一般用于单行文本框和多行文本框,其他地方比较少用。

举例:搜索框

```html
<!DOCTYPE html>
<html xmlns="http://www.w3.org/1999/xhtml">
<head>
    <title></title>
    <style type="text/css">
        #search{color:#bbbbbb;}
    </style>
    <script>
        window.onload = function ()
        {
            // 获取元素对象
            var oSearch = document.getElementById("search");

            // 获取焦点
            oSearch.onfocus = function ()
            {
                if (this.value == "百度一下,你就知道")
                {
                    this.value = "";
                }
            };
            // 失去焦点
            oSearch.onblur = function ()
            {
                if (this.value == "")
                {
                    this.value = "百度一下,你就知道";
                }
            };
        }
    </script>
</head>
<body>
    <input id="search" type="text" value="百度一下,你就知道"/>
    <input id="Button1" type="button" value="搜索" />
</body>
</html>
```

浏览器预览效果如图 11-13 所示。

分析:

在这个例子中,当文本框获得焦点(也就是有光标)时,提示文字就会消失。当文本框失去焦点时,如果没有输入任何内容,提示文字会重新出现。从这里小伙伴们可

图 11-13

以感性认识到"获取焦点"和"失去焦点"是怎么一回事。

上面搜索框的外观还有待改善，不过技巧已经教给大家了。我们可以动手尝试去实现一下更加好看点的搜索框，会从中学到很多东西的。

像上面这种搜索框的提示文字效果，其实我们也可以使用 HTML5 表单元素新增的"placeholder 属性"来实现，代码如下：

```
<input id="search" type="text" placeholder="百度一下，你就知道" />
```

对于焦点事件来说，还有一点要补充的。默认情况下，文本框是不会自动获取焦点的，而必须点击文本框才会获取。但是我们却经常看到很多页面一打开的时候，文本框就已经自动获取到了焦点，例如百度首页。那么这个效果是怎么实现的呢？很简单，用一个 focus() 方法就可以了。

举例：focus() 方法

```
<!DOCTYPE html>
<html xmlns="http://www.w3.org/1999/xhtml">
<head>
    <title></title>
    <script>
        window.onload = function ()
        {
            var oTxt = document.getElementById("txt");
            oTxt.focus();
        }
    </script>
</head>
<body>
    <input id="txt" type="text"/>
</body>
</html>
```

浏览器预览效果如图 11-14 所示。

分析：

focus() 跟 onfocus 是不一样的。focus() 是一个方法，仅仅用于让元素获取焦点。而 onfocus 是一个属性，它是用于事件操作的。

图 11-14

11.5.2 onselect

在 JavaScript 中，当我们选中"单行文本框"或"多行文本框"中的内容时，就会触发 onselect 事件。

举例：onselect 事件

```
<!DOCTYPE html>
<html xmlns="http://www.w3.org/1999/xhtml">
```

```
<head>
    <title></title>
    <script>
        window.onload = function ()
        {
            var oTxt1 = document.getElementById("txt1");
            var oTxt2 = document.getElementById("txt2");

            oTxt1.onselect = function ()
            {
                alert("你选中了单行文本框中的内容");
            };
            oTxt2.onselect = function ()
            {
                alert("你选中了多行文本框中的内容");
            };
        }
    </script>
</head>
<body>
    <input id="txt1" type="text" value=" 绿叶学习网，给你初恋般的感觉 "/><br />
    <textarea id="txt2" cols="20" rows="5"> 绿叶学习网，给你初恋般的感觉 </textarea>
</body>
</html>
```

浏览器预览效果如图 11-15 所示。

分析：

当我们选中单行文本框或多行文本框中的内容时，都会弹出对应的对话框。onselect 事件在实际开发中用得极少，我们了解一下就行，不需要深入。再回到实际开发中，我们在使用搜索框的时候，每次点击搜索框，它就自动帮我们把文本框内的文本全部选中，这就用到了 select() 方法。

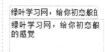

图 11-15

举例：select() 方法

```
<!DOCTYPE html>
<html xmlns="http://www.w3.org/1999/xhtml">
<head>
    <title></title>
    <script>
        window.onload = function ()
        {
            var oSearch = document.getElementById("search");
            oSearch.onclick = function ()
            {
                this.select();
```

```
                };
            }
        </script>
    </head>
    <body>
        <input id="search" type="text" value=" 百度一下，你就知道 " />
    </body>
</html>
```

浏览器预览效果如图 11-16 所示。当我们点击文本框时，预览效果如图 11-17 所示。

图 11-16　select()方法　　　　　　　图 11-17　点击文本框后的效果

分析：

select() 跟 onselect 是不一样的。select() 是一个方法，仅仅用于全选文本。而 onselect 是一个属性，它是用于事件操作的。select() 和 onselect 的关系，跟 focus() 和 onfocus 的关系是相似的。

11.5.3　onchange

在 JavaScript 中，onchange 事件常用于"具有多个选项的表单元素"中。
- 单选框选择某一项时触发
- 复选框选择某一项时触发
- 下拉菜单选择某一项时触发

举例：onchange 事件用于单选框

```
<!DOCTYPE html>
<html xmlns="http://www.w3.org/1999/xhtml">
<head>
    <title></title>
    <script>
        window.onload = function ()
        {
            var oFruit = document.getElementsByName("fruit");
            var oP = document.getElementById("content");

            for (var i = 0; i < oFruit.length; i++)
            {
                oFruit[i].onchange = function ()
                {
                    if (this.checked)
```

```
                    {
                        oP.innerHTML = "你选择的是:" + this.value;
                    }
                };
            }
        }
    </script>
</head>
<body>
    <div>
        <label><input type="radio" name="fruit" value="苹果" />苹果</label>
        <label><input type="radio" name="fruit" value="香蕉" />香蕉</label>
        <label><input type="radio" name="fruit" value="西瓜" />西瓜</label>
    </div>
    <p id="content"></p>
</body>
</html>
```

浏览器预览效果如图11-18所示。当我们选中任意一项时，就会立即显示出结果来，效果如图11-19所示。

图11-18   图11-19

分析：

这里我们使用 getElementsByName () 方法获得具有同一个 name 属性值的表单元素，然后使用 for 循环遍历，目的是为了给每一个单选按钮都添加 onchange 事件。当我们选中任意一个单选按钮（也就是触发 onchange 事件）时，就要判断当前单选按钮是否选中（this.checked）。如果选中，就将选中的单选按钮的值（this.value）赋值给 oP.innerHTML。

举例：onchange 事件用于复选框

```
<!DOCTYPE html>
<html xmlns="http://www.w3.org/1999/xhtml">
<head>
    <title></title>
    <script>
        window.onload = function ()
        {
            var oSelectAll = document.getElementById("selectAll");
            var oFruit = document.getElementsByName("fruit");
            oSelectAll.onchange = function ()
```

```
                {
                    // 如果选中，即 this.checked 返回 true
                    if (this.checked) {
                        for (var i = 0; i < oFruit.length; i++)
                        {
                            oFruit[i].checked = true;
                        }
                    } else {
                        for (var i = 0; i < oFruit.length; i++)
                        {
                            oFruit[i].checked = false;
                        }
                    }
                };
            }
        </script>
    </head>
    <body>
        <div>
            <p><label><input id="selectAll" type="checkbox"/>全选 / 反选:</label></p>
            <label><input type="checkbox" name="fruit" value="苹果" />苹果</label>
            <label><input type="checkbox" name="fruit" value="香蕉" />香蕉</label>
            <label><input type="checkbox" name="fruit" value="西瓜" />西瓜</label>
        </div>
    </body>
</html>
```

浏览器预览效果如图 11-20 所示。

分析：

当"全选 / 反选"复选框被选中时，下面所有复选框就会被全部选中。然后再次点击"全选 / 反选"按钮，此时下面所有复选框就会被取消选中。

哪个元素在触发事件，this 指的就是哪个。我们一定要清楚这一点，后面会经常碰到。

图11-20 onchange用于复选框的全选与反选

举例：onchange 事件用于下拉列表

```
<!DOCTYPE html>
<html xmlns="http://www.w3.org/1999/xhtml">
<head>
    <title></title>
    <script>
        window.onload = function ()
        {
            var oList = document.getElementById("list");
            oList.onchange = function ()
```

```
                {
                    var link = this.options[this.selectedIndex].value;
                    window.open(link);
                };
            }
        </script>
    </head>
    <body>
        <select id="list">
            <option value="http://wwww.baidu.com">百度</option>
            <option value="http://www.sina.com.cn">新浪</option>
            <option value="http://www.qq.com">腾讯</option>
            <option value="http://www.sohu.com">搜狐</option>
        </select>
    </body>
</html>
```

浏览器预览效果如图 11-21 所示。

分析：

当我们选择下拉列表的某一项时，就会触发 onchange 事件，然后就会在新的窗口打开对应的页面。下拉菜单这种效果还是比较常见的，我们可以了解一下。

图 11-21

对于 select 元素来说，我们可以使用 obj.options[n] 的方式来得到某一个列表项，这个列表项也是一个 DOM 对象。并且我们可以使用 obj.selectedIndex 来获取你所选择的这个列表项的下标。这两个都是下拉列表所独有的也是经常用的方法。

此外，window.open() 表示打开一个新的窗口，对于这个我们将在 13.2 节详细介绍。

有一点要提醒大家的：**选择下拉列表的某一项时，触发的是 onchange 事件，而不是 onselect 事件**。onselect 事件仅仅当选择文本框中的内容时才会被触发，我们要清楚这两者的区别。

11.6 编辑事件

在 JavaScript 中，常用的编辑事件有三种。
- oncopy
- onselectstart
- oncontextmenu

11.6.1 oncopy

在 JavaScript 中，我们可以使用 oncopy 事件来防止页面内容被复制。

语法：

```
document.body.oncopy = function ()
{
    return false;
}
```

举例：

```html
<!DOCTYPE html>
<html xmlns="http://www.w3.org/1999/xhtml">
<head>
    <title></title>
    <meta charset="utf-8" />
    <script>
        window.onload = function ()
        {
            document.body.oncopy = function ()
            {
                return false;
            }
        }
    </script>
</head>
<body>
    <div>不要用战术上的勤奋，来掩盖战略上的懒惰。</div>
</body>
</html>
```

浏览器预览效果如图 11-22 所示。

图11-22

分析：

大家可能会问：选取文本后点击鼠标右键，发现还是可以用"复制"这个选项。其实就算你可以用，点击"复制"选项后再粘贴，会发现粘贴不出内容来的。

11.6.2 onselectstart

在 JavaScript 中，我们可以使用 onselectstart 事件来防止页面内容被选取。

语法：

```
document.body.onselectstart=function()
{
    return false;
}
```

举例：

```
<!DOCTYPE html>
<html xmlns="http://www.w3.org/1999/xhtml">
<head>
    <title></title>
    <meta charset="utf-8" />
    <script>
        window.onload = function ()
        {
            document.body.onselectstart = function ()
            {
                return false;
            }
        }
    </script>
</head>
<body>
    <div>成功的人总喜欢神化自己，为的是让其他人觉得成功很难。</div>
</body>
</html>
```

浏览器预览效果如图 11-23 所示。

图11-23　onselectstart防止文本被选取

分析：

防止页面内容被选取，从本质上来说也是为了防止用户复制内容。我们有两种实现方式：① oncopy 事件；② onselectstart 事件。

11.6.3　oncontextmenu

在 JavaScript 中，我们可以使用 oncontextmenu 事件来禁止鼠标右键。

语法：

```
document.oncontextmenu = function ()
{
    return false;
}
```

举例：

```
<!DOCTYPE html>
<html xmlns="http://www.w3.org/1999/xhtml">
<head>
    <title></title>
    <meta charset="utf-8" />
    <script>
        window.onload = function () {
            document.oncontextmenu = function () {
                return false;
            }
        }
    </script>
</head>
<body>
    <div>每个人的人生掌握在自己的手里，而不是别人的评价里。</div>
</body>
</html>
```

浏览器预览效果如图 11-24 所示。

分析：

虽然鼠标右键功能被禁止了，但是我们依旧可以用快捷键，如使用 "ctrl+c" 来复制内容、"ctrl+s" 来保存网页等。

总的来说，oncopy、onselectstart、oncont extmenu 这三个在大多数情况下都是用来保护版权的。不过为了更好的用户体验，除特殊情况外，我们还是少用为妙。

图11-24

11.7 页面事件

之前我们学了各种事件，除了这些事件之外，还有一种非常重要的事件：页面事件。在 JavaScript 中，常用的页面事件只有两个。

- onload
- onbeforeunload

11.7.1 onload

在 JavaScript 中，onload 表示文档加载完成后再执行的一个事件。
语法：

```
window.onload = function(){
    ……
}
```

说明：

并不是所有情况都需要用到 window.onload 的，一般来说只有在想要"获取页面中某一个元素"的时候才会用到。onload 事件非常重要，也是 JavaScript 中用得最多的事件之一，我们在此之前应该见识到了。

举例：

```
<!DOCTYPE html>
<html xmlns="http://www.w3.org/1999/xhtml">
<head>
    <title></title>
    <script>
        var oBtn = document.getElementById("btn");
        oBtn.onclick = function ()
        {
            alert("JavaScript");
        };
    </script>
</head>
<body>
    <input id="btn" type="button" value=" 提交 " />
</body>
</html>
```

浏览器预览效果如图 11-25 所示。

分析：

当我们点击"提交"按钮时，浏览器会报错。这是因为在默认情况下，浏览器解析一个页面是从上到下进行的。当解析到 var oBtn = document.getElementById("btn"); 这一句时，浏览器找不到 id 为 btn 的元素。

图 11-25

正确的解决方法就是使用 window.onload，实现代码如下。

```
<!DOCTYPE html>
<html xmlns="http://www.w3.org/1999/xhtml">
<head>
    <title></title>
```

```
    <script>
        window.onload = function ()
        {
            var oBtn = document.getElementById("btn");
            oBtn.onclick = function ()
            {
                alert("JavaScript");
            };
        }
    </script>
</head>
<body>
    <input id="btn" type="button" value=" 提交 " />
</body>
</html>
```

浏览器预览效果如图 11-26 所示。

分析：

这里，浏览器从上到下解析到 window.onload 时，就会先不解析 window.onload 里面的代码，而是继续往下解析，直到把整个 HTML 文档解析完了之后才会回去执行 window.onload 里面的代码。

图11-26

有人就会问了，像下面这个例子中，为什么不需要加上 window.onload 都可以获取到元素呢？

举例：

```
<!DOCTYPE html>
<html xmlns="http://www.w3.org/1999/xhtml">
<head>
    <title></title>
    <script>
        function change()
        {
            var oTitle = document.getElementById("title");
            oTitle.style.color = "white";
            oTitle.style.backgroundColor = "hotpink";
        }
    </script>
</head>
<body>
    <h3 id="title">绿叶学习网 </h3>
    <input type="button" value=" 改变样式 " onclick="change()" />
</body>
</html>
```

浏览器预览效果如图 11-27 所示。

分析：

对于函数来说，有一句非常重要的话，不知道小伙伴还记得没有：如果一个函数仅仅是定义而没有被调用的话，则函数本身是不会执行的。

图 11-27

从上面我们可以知道，浏览器从上到下解析 HTML 文档，当它解析到函数的定义部分时，它也会直接跳过。如果浏览器立刻解析的话，就违背了函数的本意。

这里的函数是在用户点击这个按钮的时候执行的，那时候文档已经加载好了。

11.7.2　onbeforeunload

在 JavaScript 中，onbeforeunload 表示离开页面之前触发的一个事件。

语法：

```
window.onbeforeunload = function(){
    ……
}
```

说明：

与 window.onload 相对的应该是 window.onunload，不过一般情况下我们极少用到 window.onunload，而更倾向于使用 window.onbeforeunload。

举例：

```
<!DOCTYPE html>
<html>
<head>
    <title></title>
    <meta charset="utf-8" />
    <script>
        window.onload = function ()
        {
            alert("欢迎来到绿叶学习网！");
        }
        window.onbeforeunload = function (e)
        {
            e.returnValue = "记得下来再来喔！";
        }
    </script>
</head>
<body>
</body>
</html>
```

打开页面的时候，浏览器预览效果如图 11-28 所示。关闭页面的时候，浏览器预览效果如图 11-29 所示。

图11-28

图11-29

分析：

e 是一个 event 对象。对于 event 对象，我们在下一章会详细介绍。

第12章 事件进阶

12.1 事件监听器

在 JavaScript 中，想要给元素添加一个事件，我们有两种方式。
- 事件处理器
- 事件监听器

12.1.1 事件处理器

在前面的学习中，如果想要给元素添加一个事件，我们都是通过操作 HTML 属性的方式来实现，这种方式其实也叫作"事件处理器"，例如：

```
oBtn.onclick = function(){……};
```

事件处理器的用法非常简单，代码写出来也很易读。不过这种添加事件的方式是有一定缺陷的。先来看一个例子：

举例：

```
<!DOCTYPE html>
<html xmlns="http://www.w3.org/1999/xhtml">
<head>
    <title></title>
    <meta charset="utf-8" />
```

```
<script>
    window.onload = function ()
    {
        var oBtn = document.getElementById("btn");

        oBtn.onclick = function () {
            alert("第 1 次");
        };
        oBtn.onclick = function () {
            alert("第 2 次");
        };
        oBtn.onclick = function () {
            alert("第 3 次");
        };
    }
</script>
</head>
<body>
    <input id="btn" type="button" value=" 按钮 "/>
</body>
</html>
```

浏览器预览效果如图 12-1 所示。当我们点击按钮后，预览效果如图 12-2 所示。

图12-1

图12-2

分析：

在这个例子中，我们的目的是想给按钮添加三次 onclick 事件，但 JavaScript 最终只会执行最后一次 onclick。从上面也可以看出来了，事件处理器是没办法为一个元素添加多个相同事件的。

你可能会在心里问："那又会怎样呢？"没错，对于同一个元素来说，确实很少需要添加多个相同事件的。可是，有些情况下确实需要这么做才行。例如在点击提交表单按钮时，需要验证由用户输入的全部数据，然后再通过 Ajax 将其提交给服务器。

如果想要为一个元素添加多个相同的事件，该如何实现呢？这就需要用到另外一种添加事件的方式了，即事件监听器。

12.1.2 事件监听器

1. 绑定事件

所谓事件监听器，指的是使用 addEventListener() 方法来为一个元素添加事件，我们又称之为"绑定事件"。

语法：

```
obj.addEventListener(type , fn , false)
```

说明：

obj 是一个 DOM 对象，指的是使用 getElementById()、getElementsByTagName() 等方法获取到的元素节点。

type 是一个字符串，指的是事件类型。例如单击事件用"click"，鼠标移入用 "mouseover"等。一定要注意，这个事件类型是不需要加上 on 前缀的。

fn 是一个函数名，或者一个匿名函数。

false 表示在事件冒泡阶段调用。对于事件冒泡，我们在 JavaScript 进阶再详细介绍。这里简单了解即可。

此外，由于 IE8 及以下版本已经基本不被使用，所以对于 addEventListener() 的兼容性我们不需要考虑 IE。

举例：

```
<!DOCTYPE html>
<html>
<head>
    <title></title>
    <meta charset="utf-8" />
    <script>
        window.onload = function ()
        {
            var oBtn = document.getElementById("btn");
            oBtn.addEventListener("click", alertMes, false);

            function alertMes()
            {
                alert("JavaScript");
            }
        }
    </script>
</head>
<body>
    <input id="btn" type="button" value="按钮" />
</body>
</html>
```

浏览器预览效果如图12-3所示。

图12-3 addEventListener()绑定事件

分析：

```
//fn是一个函数名
oBtn.addEventListener("click", alertMes, false);
function alertMes()
{
    alert("JavaScript");
}
//fn是一个匿名函数
oBtn.addEventListener("click", function () {
    alert("JavaScript")
}, false);
```

上面两段代码是等价的，一种是使用函数名，另外一种是使用匿名函数。

举例：

```
<!DOCTYPE html>
<html xmlns="http://www.w3.org/1999/xhtml">
<head>
    <title></title>
    <meta charset="utf-8" />
    <script>
        window.onload = function ()
        {
            var oBtn = document.getElementById("btn");

            oBtn.addEventListener("click", function () {
                alert("第1次");
            }, false);
            oBtn.addEventListener("click", function () {
                alert("第2次");
            }, false);
            oBtn.addEventListener("click", function () {
                alert("第3次");
            }, false);
        }
```

```
        </script>
    </head>
    <body>
        <input id="btn" type="button" value=" 按钮 "/>
    </body>
</html>
```

浏览器预览效果如图 12-4 所示。

分析：

当我们点击按钮后，浏览器会依次弹出三个对话框。也就是说，我们可以使用事件监听器这种方式来为同一个元素添加多个相同的事件，而这一点是事件处理器做不到的。

此外，一般情况下，如果想要为元素仅仅添加一个事件的话，下面两种方式其实是等价的。

图 12-4

```
obj.addEventListener("click", function () {……};}, false);
obj.onclick = function () {……};
```

举例：

```
<!DOCTYPE html>
<html xmlns="http://www.w3.org/1999/xhtml">
<head>
    <title></title>
    <meta charset="utf-8" />
    <script>
        // 第 1 次调用 window.onload
        window.onload = function ()
        {
            var oBtn1 = document.getElementById("btn1");
            oBtn1.onclick = function ()
            {
                alert(" 第 1 次 ");
            };
        }

        // 第 2 次调用 window.onload
        window.onload = function ()
        {
            var oBtn2 = document.getElementById("btn2");
            oBtn2.onclick = function ()
            {
                alert(" 第 2 次 ");
            };
```

```
            }

            // 第 3 次调用 window.onload
            window.onload = function ()
            {
                var oBtn3 = document.getElementById("btn3");
                oBtn3.onclick = function ()
                {
                    alert("第 3 次");
                };
            }
    </script>
</head>
<body>
    <input id="btn1" type="button" value="按钮 1" /><br/>
    <input id="btn2" type="button" value="按钮 2" /><br />
    <input id="btn3" type="button" value="按钮 3" />
</body>
</html>
```

浏览器预览效果如图 12-5 所示。

分析：

在实际开发中，我们有可能会使用多次 window.onload，但是会发现 JavaScript 只执行最后一次 window.onload。为了解决这个问题，我们就可以使用 addEventListener() 来实现。在这个例子中，我们只需要将每一个 window.onload 改为以下代码即可。

图12-5

```
window.addEventListener("load",function(){……},false);
```

事实上，还有一种解决方法，那就是使用大名鼎鼎的 addLoadEvent() 函数。addLoad Event 不是 JavaScript 内置函数，而需要自己定义。其中，addLoad Event() 函数代码如下。

```
// 装饰者模式
function addLoadEvent(func)
{
    var oldonload = window.onload;
    if (typeof window.onload != "function")
    {
        window.onload = func;
    }else {
        window.onload = function()
        {
```

```
            oldonload();
            func();
        }
    }
}
```

然后我们只需要调用 addLoadEvent() 函数，就等于调用 window.onload 了。调用方法如下。

```
addLoadEvent(function(){
    ……
});
```

对于 addLoadEvent() 函数的定义代码，作为初学者我们暂时不需要去理解。有兴趣的小伙伴可以自行查阅一下。

2．解绑事件

在 JavaScript 中，我们可以使用 removeEventListener() 方法为元素解绑（或解除）某个事件。解绑事件与绑定事件是相反的操作。

语法：

```
obj.removeEventListener(type , fn , false);
```

说明：

对于 removeEventListener() 方法来说，fn 必须是一个函数名，而不能是一个匿名函数。

举例：解除"事件监听器"添加的事件

```
<!DOCTYPE html>
<html xmlns="http://www.w3.org/1999/xhtml">
<head>
    <title></title>
    <meta charset="utf-8" />
    <script>
        window.onload = function ()
        {
            var oDiv = document.getElementById("content");
            var oBtn = document.getElementById("btn");

            //为div添加事件
            oDiv.addEventListener("click", changeColor, false);

            //点击按钮后，为div解除事件
            oBtn.addEventListener("click", function () {
                oDiv.removeEventListener("click", changeColor, false);
            }, false);
```

```
            function changeColor()
            {
                this.style.color = "hotpink";
            }
        </script>
    </head>
    <body>
        <p id="content">绿叶学习网 </p>
        <input id="btn" type="button" value="解除" />
    </body>
</html>
```

浏览器预览效果如图 12-6 所示。

分析：

当我们点击"解除"按钮后，再点击 p 元素，就发现 p 元素的点击事件无效了。有一点要跟大家说清楚的：如果你想要使用 removeEventListener() 方法来解除一个事件，那么当初使用 addEventListener() 添加事件的时候，就一定要用定义函数的形式。

我们观察这个例子会发现，removeEventListener() 跟 addEventListener() 的语法形式是一模一样的，直接抄过去就对了。

图12-6

```
addEventListener("click",fn,false);
removeEventListener("click",fn,false);
```

实际上，removeEventListener() 只可以解除"事件监听器"添加的事件，它是不可以解除"事件处理器"添加的事件的。如果想要解除"事件处理器"添加的事件，我们可以使用 "obj.事件名 = null;" 来实现，请看下面例子。

举例：解除"事件处理器"添加的事件

```
<!DOCTYPE html>
<html xmlns="http://www.w3.org/1999/xhtml">
<head>
    <title></title>
    <meta charset="utf-8" />
    <script>
        window.onload = function ()
        {
            var oDiv = document.getElementById("content");
            var oBtn = document.getElementById("btn");
            
            // 为 div 添加事件
            oDiv.onclick = changeColor;
```

```
            // 点击按钮后，为 div 解除事件
            oBtn.addEventListener("click", function () {
                oDiv.onclick = null;
            }, false);

            function changeColor()
            {
                this.style.color = "hotpink";
            }
        }
    </script>
</head>
<body>
    <p id="content">绿叶学习网</p>
    <input id="btn" type="button" value="解除" />
</body>
</html>
```

浏览器预览效果如图 12-7 所示。

分析：

学了那么多，我们自然而然就会问：解除事件都有什么用呢？其实大多数情况没必要去解除事件，但是不少情况下是必须要解除事件的。先来看一个例子。

图12-7

举例：限制事件只能执行一次

```
<!DOCTYPE html>
<html xmlns="http://www.w3.org/1999/xhtml">
<head>
    <title></title>
    <meta charset="utf-8" />
    <script>
        window.onload = function ()
        {
            var oBtn = document.getElementById("btn");
            oBtn.addEventListener("click", alertMes, false);

            function alertMes()
            {
                alert("那你很棒棒噢~");
                oBtn.removeEventListener("click", alertMes, false);
            }
        }
    </script>
</head>
<body>
```

```
            <input id="btn" type="button" value=" 弹出 " />
        </body>
</html>
```

浏览器预览效果如图 12-8 所示。

分析：

这个例子实现的效果是：限制按钮只可以执行一次点击事件。实现思路很简单，在点击事件函数的最后解除事件就可以了。在实际开发中，像拖拽效果这种效果，我们在 onmouseup 事件中就必须要解除 onmousemove 事件，如果没有解除就会有 bug。当然，拖拽效果是比较复杂的，这里不详细展开。对于解除事件，我们学到后面就知道它有什么用了。

图 12-8

12.2 event对象

当一个事件发生的时候，这个事件有关的详细信息都会临时保存到一个指定的地方，这个地方就是 event 对象。每一个事件，都有一个对应的 event 对象。给大家打个比方，我们都知道飞机都有黑匣子，对吧？每次飞机出事（一个事件）后，我们都可以从黑匣子（event 对象）中获取详细的信息。

在 JavaScript 中，我们可以通过 event 对象来获取一个事件的详细信息。这里只是介绍一下常用的属性，更深入的内容我们在 JavaScript 进阶阶段再详细讲解。其中，event 对象常用属性如表 12-1 所示。

表 12-1　　　　　　　　　　　　event 对象的属性

属性	说明
type	事件类型
keyCode	键码值
shiftKey	是否按下 shift 键
ctrlKey	是否按下 Ctrl 键
altKey	是否按下 Alt 键

12.2.1 type

在 JavaScript 中，我们可以使用 event 对象的 type 属性来获取事件的类型。
举例：

```
<!DOCTYPE html>
<html xmlns="http://www.w3.org/1999/xhtml">
```

```
<head>
    <title></title>
    <meta charset="utf-8" />
    <script>
        window.onload = function ()
        {
            var oBtn = document.getElementById("btn");
            oBtn.onclick = function (e)
            {
                alert(e.type);
            };
        }
    </script>
</head>
<body>
    <input id="btn" type="button" value=" 按钮 " />
</body>
</html>
```

浏览器预览效果如图 12-9 所示。

分析：

几乎所有的初学者都会有一个疑问：这个 e 是怎么来的？为什么写个 e.type 就可以获取到事件的类型呢？

实际上，每次调用一个事件的时候，JavaScript 都会默认给这个事件函数加上一个隐藏的参数，这个参数就是 event 对象。一般来说，event 对象是作为事件函数的第一个参数传入的。

图12-9

其实 e 仅仅是一个变量名，它存储的是一个 event 对象。也就是说，e 可以换成其他名字如 ev、event、a 等都可以的，大家可以测试一下。

event 对象在 IE8 及以下版本还有一定的兼容性问题，可能还需要采取"var e=e||window.event;"来处理。不过随着 IE 逐渐退出历史舞台，我们也没必要去做兼容处理了。

12.2.2 keyCode

在 JavaScript 中，如果我们想要获取按下的是哪个键，可以使用 event 对象的 keyCode 属性来获取。

语法：

```
event.keyCode
```

说明：

event.keyCode 返回的是一个数值，常用的按键及对应的键码如表 12-2 所示。

表 12-2　　　　　　　　　　常用的按键及对应的键码

按键	键码
W（上）	87
S（下）	83
A（左）	65
D（右）	68
↑	38
↓	40
←	37
→	39

如果是 Shift、Ctrl 和 Alt 这三个键，我们不需要通过 keyCode 属性来获取，而是可以直接通过 shiftKey、ctrlKey 和 altKey 这三个属性来获取。

举例：禁止 Shfit、Alt、Ctrl 键

```
<!DOCTYPE html>
<html xmlns="http://www.w3.org/1999/xhtml">
<head>
    <title></title>
    <meta charset="utf-8" />
    <script>
        window.onload = function ()
        {
            document.onkeydown = function (e)
            {
                if (e.shiftKey||e.altKey||e.ctrlKey) {
                    alert(" 禁止使用 shift、alt、ctrl 键！ ")
                }
            }
        }
    </script>
</head>
<body>
    <div> 绿叶，给你初恋般的感觉 ~</div>
</body>
</html>
```

浏览器预览效果如图 12-10 所示。

图 12-10

分析：

e.keyCode 返回的是一个数字，而 e.shiftKey、e.ctrlKey、e.altKey 这三个返回的都是布尔值（true 或 false），我们注意一下两者的区别。

举例：获取"上下左右"方向键

```
<!DOCTYPE html>
<html xmlns="http://www.w3.org/1999/xhtml">
<head>
    <title></title>
    <meta charset="utf-8" />
    <script>
        window.onload = function ()
        {
            var oSpan= document.getElementsByTagName("span")[0];

            window.addEventListener("keydown", function (e)
            {
                if (e.keyCode == 38 || e.keyCode == 87) {
                    oSpan.innerHTML = "上";
                } else if (e.keyCode == 39 || e.keyCode == 68) {
                    oSpan.innerHTML = "右";
                } else if (e.keyCode == 40 || e.keyCode == 83) {
                    oSpan.innerHTML = "下";
                } else if (e.keyCode == 37 || e.keyCode == 65) {
                    oSpan.innerHTML = "左";
                } else {
                    oSpan.innerHTML = "";
                }
            }, false)
        }
    </script>
</head>
<body>
    <div>你控制的方向是：<span style="font-weight:bold;color:hotpink;"></span></div>
</body>
</html>
```

浏览器预览效果如图 12-11 所示。

分析：

在游戏开发中，我们一般都是通过键盘中的"↑、↓、←、→"以及"W、S、A、D"这几个键来控制人物行走的方向，这个技巧用得非常多。有兴趣的小伙伴可以关注《Web 前端开发精品课——HTML5 Canvas 开发详解》。

图12-11

12.3 this

在 JavaScript 中，this 是非常复杂的。这一节我们只针对 this 在事件操作中的使用情况进行介绍，而对于 this 在其他场合（如面向对象开发等）的使用，在 JavaScript 进阶中再详细讲解。

在事件操作中，可以这样理解：**哪个 DOM 对象（元素节点）调用了 this 所在的函数，那么 this 指向的就是哪个 DOM 对象。**

举例：

```
<!DOCTYPE html>
<html xmlns="http://www.w3.org/1999/xhtml">
<head>
    <title></title>
    <meta charset="utf-8" />
    <script>
        window.onload = function ()
        {
            var oDiv = document.getElementsByTagName("div")[0];
            oDiv.onclick = function ()
            {
                this.style.color = "hotpink";
            }
        }
    </script>
</head>
<body>
    <div>绿叶，给你初恋般的感觉~</div>
</body>
</html>
```

浏览器预览效果如图 12-12 所示。

图12-12

分析：

this 所在的函数是一个匿名函数，这个匿名函数被 oDiv 调用了，因此 this 指向的就是 oDiv。这里，this.style.color = "hotpink"; 等价于 oBtn.style.color = "hotpink";，我们可

以自行测试一下。
举例：

```
<!DOCTYPE html>
<html xmlns="http://www.w3.org/1999/xhtml">
<head>
    <title></title>
    <meta charset="utf-8" />
    <script>
        window.onload = function ()
        {
            var oDiv = document.getElementsByTagName("div")[0];

            oDiv.onclick = changeColor;
            function changeColor()
            {
                this.style.color = "hotpink";
            }
        }
    </script>
</head>
<body>
    <div>绿叶，给你初恋般的感觉~</div>
</body>
</html>
```

浏览器预览效果如图 12-13 所示。

图12-13

分析：
this 所在的函数是 changeColor，然后 changeColor 函数被 oDiv 调用了，因此 this 指向的就是 oDiv。事实上，上面两个例子是等价的。
举例：

```
<!DOCTYPE html>
<html xmlns="http://www.w3.org/1999/xhtml">
<head>
```

```
            <title></title>
            <meta charset="utf-8" />
            <script>
                window.onload = function ()
                {
                    var oDiv = document.getElementsByTagName("div")[0];
                    var oP = document.getElementsByTagName("p")[0];

                    oDiv.onclick = changeColor;
                    oP.onclick = changeColor;
                    function changeColor()
                    {
                        this.style.color = "hotpink";
                    }
                }
            </script>
    </head>
    <body>
        <div>绿叶，给你初恋般的感觉~</div>
        <p>绿叶，给你初恋般的感觉~</p>
    </body>
</html>
```

浏览器预览效果如图 12-14 所示。

分析：

这里 changeColor() 函数被两个元素节点调用，那它究竟指向的是哪一个呢？其实 this 只有在被调用的时候才确定下来的。当我们点击 div 元素时，此时 this 所在的函数 changeColor 被 div 元素调用，因此 this 指向的是 div 元素。当我们点击 p 元素时，此时 this 所在的函数 changeColor 被 p 元素调用，因此 this 指向的是 p 元素。

总而言之，哪个 DOM 对象（元素节点）调用了 this 所在的函数，那么 this 指向的就是哪个 DOM 对象。

图12-14　this的指向

举例：

```
<!DOCTYPE html>
<html xmlns="http://www.w3.org/1999/xhtml">
<head>
    <title></title>
    <meta charset="utf-8" />
    <script>
        window.onload = function ()
        {
            var oUl = document.getElementById("list");
```

```
                var oLi = oUl.getElementsByTagName("li");

                for (var i = 0; i < oLi.length; i++)
                {
                    oLi[i].onclick = function ()
                    {
                        oLi[i].style.color = "hotpink";
                    }
                }
            }
        </script>
    </head>
    <body>
        <ul id="list">
            <li>HTML</li>
            <li>CSS</li>
            <li>JavaScript</li>
        </ul>
    </body>
</html>
```

浏览器预览效果如图 12-15 所示。

分析：

一开始想要实现的效果是：点击哪一个 li 元素，就改变这个 li 元素的颜色。很多人自然而然就写下了上面这种代码。然后在测试的时候，就会发现完全没有效果。这是为什么呢？我们试着把 oLi[i].style.color = "hotpink"; 这一句换成 this.style.color = "hotpink"; 就有效果了。

那么为什么用 oLi[i] 就不正确，而必须要用 this 呢？其实这就是典型的闭包问题。对于闭包，我们在 JavaScript 进阶中再详细介绍。

图 12-15

在事件函数中，想要使用当前元素节点，我们尽量使用 this 来代替 oBtn、oLi[i] 等 DOM 对象的写法。

第13章 window对象

13.1 window对象简介

在 JavaScript 中，一个浏览器窗口就是一个 window 对象。图 13-1 有三个窗口，也就是三个不同的 window 对象。

简单来说，JavaScript 会把一个窗口看成一个对象，这样我们就可以用这个对象的属性和方法来操作这个窗口。实际上，当我们每次打开一个页面时，浏览器都会自动为这个页面创建一个 window 对象。

window 对象存放了这个页面的所有信息，为了更好分类处理这些信息，window 对象下面又分为很多对象，如图 13-2 及表 13-1 所示。

图13-1

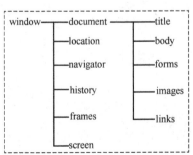

图13-2

表 13-1　window 对象下的子对象

子对象	说明
document	文档对象，用于操作页面元素
location	地址对象，用于操作 URL 地址
navigator	浏览器对象，用于获取浏览器版本信息
history	历史对象，用于操作浏览历史
screen	屏幕对象，用于操作屏幕宽度高度

document 对象也是 window 对象下的一个子对象。很多人以为一个窗口就是一个 document 对象，其实这个理解是错的。因为一个窗口不仅仅包括 HTML 文档，还包括浏览器信息、浏览历史、浏览地址等。而 document 对象仅仅专门用来操作我们 HTML 文档中的元素。用一句话概括就是：**一个窗口就是一个 window 对象，这个窗口里面的 HTML 文档就是一个 document 对象，document 对象是 window 对象的子对象。**

window 对象及下面 location、navigator 等子对象，由于都是操作浏览器窗口的，所以我们又称之为 "BOM"，也就是 "Browser Object Module"（浏览器对象模型）。BOM 这个术语很常见，我们至少要知道它是什么意思。BOM 和 DOM 都是 "某某对象模型"，所谓的对象模型，可以简单把它们看成是一个对象来处理。

此外你也可以把 window 下的子对象看成是它的属性，只不过这个属性也是一个对象，所以我们才称之为 "子对象"。对象一般都有属性和方法，表 13-1 介绍的是 window 对象的属性。实际上，window 对象也有非常多的方法，常用的如表 13-2 所示。

表 13-2　window 对象常用方法

方法	说明
alert()	提示对话框
confirm()	判断对话框
prompt()	输入对话框
open()	打开窗口
close()	关闭窗口
setTimeout()	开启 "一次性" 定时器
clearTimeout()	关闭 "一次性" 定时器
setInterval()	开启 "重复性" 定时器
clearInterval()	关闭 "重复性" 定时器

对于 window 对象来说，无论是它的属性，还是方法，都可以省略 window 前缀。例如 window.alert() 可以简写为 alert()，window.open() 可以简写为 open()，甚至 window.document.getElementById() 可以简写为 document.getElementById()，以此类推。

window 对象的属性和方法是非常多的，但是大多数都用不上。在这一章中，我们只针对最实用的来讲解，掌握好这些已经完全够了。

13.2 窗口操作

在 JavaScript 中，窗口常见的操作有两种，一种是"打开窗口"，另外一种是"关闭窗口"。打开窗口和关闭窗口，在实际开发中是经常用到的。

在绿叶学习网的在线工具中（如图 13-3），当点击"调试代码"按钮时，就会打开一个新的窗口，并且把内容输出到新的窗口页面中去。这个功能就涉及了打开窗口的操作。

图13-3

13.2.1 打开窗口

在 JavaScript 中，我们可以使用 window 对象的 open() 方法来打开一个新窗口。

语法：

```
window.open(url, target)
```

说明：

window.open() 可以直接简写为 open()，不过我们一般都习惯加上 window 前缀。window.open() 参数有很多，但是只有 url 和 target 这两个更常用。

url 指的是新窗口的地址，如果 url 为空，则表示打开一个空白窗口。空白窗口很有用，我们可以使用 document.write() 往空白窗口输出文本，甚至输出一个 HTML 页面。

target 表示打开方式，它的取值跟 a 标签中 target 属性的取值是一样的，常用取值有两个：_blank 和 _self。当 target 为 _blank（默认值）时，表示在新窗口打开；当 target 为 _self 时，表示在当前窗口打开。

举例：打开新窗口

```
<!DOCTYPE html>
<html xmlns="http://www.w3.org/1999/xhtml">
<head>
    <title></title>
    <script>
        window.onload = function ()
        {
```

```
            var oBtn = document.getElementById("btn");
            oBtn.onclick = function ()
            {
                window.open("http://www.lvyestudy.com");
            };
        }
    </script>
</head>
<body>
    <input id="btn" type="button" value=" 打开 "/>
</body>
</html>
```

浏览器预览效果如图 13-4 所示。

分析：

window.open("http://www.lvyestudy.com") 其实等价于 window.open("http://www.lvyestudy.com", "_blank")，表示在新窗口打开绿叶学习网。如果改为 window.open("http://www.lvyestudy.com", "_self") 则表示在当前窗口打开。

图13-4

举例： 打开空白窗口

```
<!DOCTYPE html>
<html xmlns="http://www.w3.org/1999/xhtml">
<head>
    <title></title>
    <script>
        window.onload = function ()
        {
            var oBtn = document.getElementById("btn");
            oBtn.onclick = function ()
            {
                var opener = window.open();
                opener.document.write(" 这是一个新窗口 ");
                opener.document.body.style.backgroundColor = "lightskyblue";
            };
        }
    </script>
</head>
<body>
    <input id="btn" type="button" value=" 打开 " />
</body>
</html>
```

浏览器预览效果如图 13-5 所示。当我们点击"打开"按钮后，此时预览效果如

图 13-6 所示。

图13-5

图13-6

分析：

这段代码实现的效果是：打开一个新的空白窗口，然后往里面输出内容。可能很多人会对 var opener = window.open(); 这句代码感到疑问，为什么 window.open() 可以赋值给一个变量呢？

实际上，window.open() 就像函数调用一样，会返回一个值，这个值就是新窗口对应的 window 对象。也就是说，此时 opener 就是这个新窗口的 window 对象。既然我们可以获取到新窗口的 window 对象，那么想要在新窗口页面做些什么，如输出点内容、控制元素样式等，就很简单了。

有一点需要提醒大家，如果你打开的是同一个域名下的页面或空白窗口，就可以像上面那样操作新窗口的元素或样式。但是如果你打开的是另外一个域名下面的页面，是不允许操作新窗口的内容的，因为这涉及了跨越权限的问题。举个例子，如果你用 window.open() 打开百度首页，百度肯定不允许你随意去操作它的页面，道理很简单。

举例：往空白窗口输出一个页面

```
<!DOCTYPE html>
<html xmlns="http://www.w3.org/1999/xhtml">
<head>
    <title></title>
    <script>
        window.onload = function ()
        {
            var oBtn = document.getElementById("btn");
            var opener = null;

            oBtn.onclick = function ()
            {
                opener = window.open();
                var strHtml = '<!DOCTYPE html>\
                                <html>\
                                <head>\
                                <title></title>\
```

```
                </head>\
                <body>\
                    <strong>绿叶学习网,给你初恋般的感觉</strong>\
                </body>\
                </html>';
            opener.document.write(strHtml);
        };
    }
    </script>
</head>
<body>
    <input id="btn" type="button" value=" 打开 " />
</body>
</html>
```

浏览器预览效果如图 13-7 所示。当我们点击"打开"按钮后,此时浏览器预览效果如图 13-8 所示。

图 13-7

图 13-8

分析:

opener 是一个空白页面窗口,我们就可以使用 document.write() 方法来输出一个 HTML 文档了。利用这个技巧,我们可以开发出一个在线代码测试小工具出来。

举例:操作空白窗口中的元素

```
<!DOCTYPE html>
<html xmlns="http://www.w3.org/1999/xhtml">
<head>
    <title></title>
    <script>
        window.onload = function ()
        {
            var oBtn = document.getElementsByTagName("input");
            var opener = null;

            oBtn[0].onclick = function ()
```

```
            {
                opener = window.open();
                var strHtml = '<!DOCTYPE html>\
                                <html>\
                                <head>\
                                <title></title>\
                                </head>\
                                <body>\
                                    <div>绿叶学习网，给你初恋般的感觉</div>\
                                </body>\
                                </html>';
                opener.document.write(strHtml);
            };
            oBtn[1].onclick = function ()
            {
                var oDiv = opener.document.getElementsByTagName("div")[0];
                oDiv.style.fontWeight = "bold";
                oDiv.style.color = "hotpink";
            };
        }
    </script>
</head>
<body>
    <input type="button" value="打开新窗口" />
    <input type="button" value="操作新窗口" />
</body>
</html>
```

浏览器预览效果如图 13-9 所示。当我们点击"打开新窗口"按钮时，预览效果如图 13-10 所示。当再点击"操作新窗口"按钮时，预览效果如图 13-11 所示。

图13-9

图13-10

图13-11

分析：

只要我们获取到 opener（也就是新窗口的 window 对象），就可以像平常那样随意进行操作页面的元素。

13.2.2 关闭窗口

在 JavaScript 中，我们可以使用 window.close() 来关闭一个新窗口。

语法：

```
window.close()
```

说明：

window.close() 方法是没有参数的。

举例： 关闭当前窗口

```
<!DOCTYPE html>
<html xmlns="http://www.w3.org/1999/xhtml">
<head>
    <title></title>
    <script>
        window.onload = function ()
        {
            var oBtn = document.getElementById("btn");
            oBtn.onclick = function ()
            {
                window.close();
            };
        }
    </script>
</head>
<body>
    <input id="btn" type="button" value=" 关闭 " />
</body>
</html>
```

浏览器预览效果如图 13-12 所示。

图13-12

分析：

当我们点击"关闭"按钮时，就会关闭当前窗口。那如果想要实现打开一个新窗口，然后关闭该新窗口，该怎么做呢？请看下面例子。

举例：关闭新窗口

```
<!DOCTYPE html>
<html xmlns="http://www.w3.org/1999/xhtml">
<head>
    <title></title>
    <script>
        window.onload = function ()
        {
            var btnOpen = document.getElementById("btn_open");
            var btnClose = document.getElementById("btn_close");
            var opener = null;

            btnOpen.onclick = function ()
            {
                opener = window.open("http://www.lvyestudy.com");
            };
            btnClose.onclick = function () {
                opener.close();
            }
        }
    </script>
</head>
<body>
    <input id="btn_open" type="button" value="打开新窗口" />
    <input id="btn_close" type="button" value="关闭新窗口" />
</body>
</html>
```

浏览器预览效果如图 13-13 所示。

分析：

当我们点击"打开新窗口"按钮后，再点击"关闭新窗口"按钮，就会把新窗口关闭掉。window.close() 关闭的是当前窗口，opener.close() 关闭的是新窗口。从本质上来说，window 和 opener 都是 window 对象，只不过 window 指向的是当前窗口，opener 指向的是新窗口。对于这两个，小伙伴们一定要认真区分。

图13-13

此外，可能有些小伙伴看到过窗口还有其他操作，例如窗口最大化、窗口最小化、窗口大小控制、移动窗口等。这些操作在实际开发中没什么用处，也基本用不上，所以大家可以直接忽略掉。

▶ 13.3 对话框

在 JavaScript 中，对话框有三种：① alert()；② confirm()；③ prompt()。这三个

都是 window 对象的方法。前面我们说过，对于 window 对象的属性和方法，是可以省略 window 前缀的，例如 window.alert() 可以简写为 alert()。

13.3.1 alert()

在 JavaScript 中，alert() 对话框一般仅仅用于提示文字。这个方法在之前已多次用到，这里我们就不多说了。对于 alert()，只需记住一点：**在 alert() 中实现文本换行，用的是 "\n"**。

语法：

```
alert("提示文字")
```

举例：

```
<!DOCTYPE html>
<html xmlns="http://www.w3.org/1999/xhtml">
<head>
    <title></title>
    <script>
        alert("HTML\nCSS\nJavaScript");
    </script>
</head>
<body>
</body>
</html>
```

浏览器预览效果如图 13-14 所示。

图13-14

13.3.2 confirm()

在 JavaScript 中，confirm() 对话框不仅提示文字，还提供确认。

语法：

```
confirm("提示文字")
```

说明：

如果用户点击"确定"按钮，则 confirm() 返回 true。如果用户点击"取消"按钮，则 confirm() 返回 false。

举例：

```html
<!DOCTYPE html>
<html xmlns="http://www.w3.org/1999/xhtml">
<head>
    <title></title>
    <script>
        window.onload = function ()
        {
            var oBtn = document.getElementById("btn");

            oBtn.onclick = function ()
            {
                if (confirm(" 确定要跳转到绿叶首页？ ")) {
                window.location.href = "http://www.lvyestudy.com";
                }else{
                document.write(" 你取消了跳转 ");
                }
            };
        }
    </script>
</head>
<body>
    <input id="btn" type="button" value=" 回到首页 "/>
</body>
</html>
```

浏览器预览效果如图 13-15 所示。当我们点击"回到首页"按钮后，浏览器预览效果如图 13-16 所示。

图13-15

图13-16

分析：

在弹出的 confirm() 对话框中，当我们点击"确定"按钮时，confirm() 会返回 true，然后当前窗口就会跳转到绿叶学习网首页。当我们点击"取消"按钮时，confirm() 会返回 false，然后就会输出内容。

13.3.3 prompt()

在 JavaScript 中，prompt() 对话框不仅提示文字，还能返回一个字符串。

语法：

```
prompt(" 提示文字 ")
```

举例：

```
<!DOCTYPE html>
<html xmlns="http://www.w3.org/1999/xhtml">
<head>
    <title></title>
    <script>
        window.onload = function ()
        {
            var oBtn = document.getElementById("btn");

            oBtn.onclick = function ()
            {
                var name = prompt(" 请输入你的名字 ");
                document.write(" 欢迎来到 <strong>" + name + "</strong>");
            };
        }
    </script>
</head>
<body>
    <input id="btn" type="button" value=" 按钮 "/>
</body>
</html>
```

浏览器预览效果如图 13-17 所示。当我们点击按钮后，预览效果如图 13-18 所示。

图13-17

图13-18

分析：

在弹出的对话框中，有一个输入文本框。输入内容，然后点击对话框中的"确定"按钮，就会返回刚刚你输入的文本。

对于alert()、confirm()和prompt()这三种对话框，我们总结一下（如表13-3所示）。

表13-3　　　　　　　　　　　　三种对话框

方法	说明
alert()	仅提示文字，没有返回值
confirm()	不仅提示文字，且返回"布尔值"（true或false）
prompt()	不仅具有提示文字，且返回"字符串"

在实际开发中，这三种对话框经常会用到。不过我们不会采用浏览器默认的对话框，因为这些默认对话框外观不太美观。为了更好的用户体验，我们都倾向于使用div元素来模拟出来，并且结合CSS3、JavaScript等来加上酷炫的动画效果。

图13-19～图13-21就是使用div元素分别模拟出来的三种对话框，简约扁平，并且还带有各种3D动画，用户体验非常好。本书附有源代码，大家可以下载来看看。

图13-19

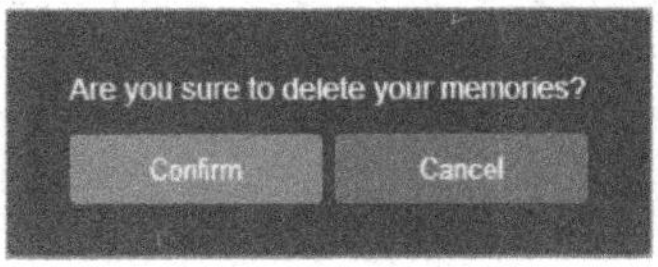

图13-20

图13-21

13.4　定时器

在浏览器网页的过程中，我们经常可以看到这样的动画：在轮播效果中，图片每隔几秒就切换一次；在在线时钟中，秒针每隔一秒转一次。拿我们的绿叶学习网来说，首页的图片轮播（如图13-22所示）每隔5s就"爆炸"一次，十分酷炫，大家可以去感受一下。

图13-22　酷爆的图片轮播（绿叶学习网）

上面说到的这些动画特效中，其实就用到了定时器。所谓的定时器，指的是每隔一段时间就执行一次代码。在 JavaScript 中,对于定时器的实现,有以下两组方法。
- setTimeout() 和 clearTimeout()
- setInterval 和 clearInterval()

13.4.1 setTimeout()和clearTimeout()

在 JavaScript 中,我们可以使用 setTimeout() 方法来"一次性"地调用函数,并且可以使用 clearTimeout() 来取消执行 setTimeout()。

语法:

```
setTimeout(code, time);
```

说明:

参数 code 可以是一段代码,可以是一个函数,还可以是一个函数名。

参数 time 是时间,单位为 ms,表示要过多长时间才执行 code 中的代码。

举例:code 是一段代码

```
<!DOCTYPE html>
<html xmlns="http://www.w3.org/1999/xhtml">
<head>
    <title></title>
    <script>
        window.onload = function ()
        {
            setTimeout('alert("欢迎来到绿叶学习网");', 2000);
        }
    </script>
</head>
<body>
    <p>2秒后提示欢迎语。</p>
</body>
</html>
```

浏览器预览效果如图 13-23 所示。

图13-23

分析：

打开页面 2s 后，会弹出对话框，如图 13-24 所示。由于 setTimeout() 方法只会执行一次，所以只会弹出一次对话框。

图13-24

举例：code 是一个函数

```
<!DOCTYPE html>
<html xmlns="http://www.w3.org/1999/xhtml">
<head>
    <title></title>
    <script>
        window.onload = function ()
        {
            setTimeout(function () {
                alert(" 欢迎! ");
            }, 2000);
        }
    </script>
</head>
<body>
    <p>2 秒后提示欢迎语。</p>
</body>
</html>
```

浏览器预览效果如图 13-25 所示。

图13-25

分析：

这里 setTimeout 第一个参数是一个函数，这个函数是没有名字的，也叫匿名函数。匿名函数属于 JavaScript 进阶中的内容。我们从图 13-26 可以看出第一个参数是一段函数。

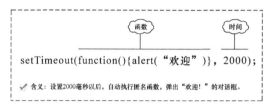

图 13-26

举例：code 是一个函数名

```
<!DOCTYPE html>
<html xmlns="http://www.w3.org/1999/xhtml">
<head>
    <title></title>
    <script>
        window.onload = function ()
        {
            setTimeout(alertMes, 2000);
        }
        function alertMes(){
            alert("欢迎来到绿叶学习网");
        }
    </script>
</head>
<body>
    <p>2秒后提示欢迎语。</p>
</body>
</html>
```

浏览器预览效果如图 13-27 所示。

图 13-27

分析：

这里 setTimeout() 第一个参数是一个函数名，这个函数名是不需要加"()"的。下面两种写法是等价的。

```
setTimeout(alertMes, 2000)
setTimeout("alertMes()", 2000)
```

不少初学者都容易搞混这两个写法，如写成 setTimeout (alertMes(), 2000) 或者 setTimeout("alertMes", 2000)，我们一定要注意这一点。一般情况下，我们只需要掌握 setTimeout(alertMes, 2000) 这一种写法就可以了，原因有两个：一是这种写法性能更高；二是可以避免两种写法的记忆混乱。

举例：clearTimeout()

```html
<!DOCTYPE html>
<html xmlns="http://www.w3.org/1999/xhtml">
<head>
    <title></title>
    <style type="text/css">
        div{width:100px;height:100px;border:1px solid silver;}
    </style>
    <script>
        window.onload = function ()
        {
            // 获取元素
            var oBtn = document.getElementsByTagName("input");
            //timer 存放定时器
            var timer = null;

            oBtn[0].onclick = function ()
            {
                timer = setTimeout(function () {
                    alert(" 欢迎来到绿叶学习网 ");
                }, 2000);
            };
            oBtn[1].onclick = function ()
            {
                clearTimeout(timer);
            };
        }
    </script>
</head>
<body>
    <p>点击"开始"按钮，2 秒后提示欢迎语。</p>
    <input type="button" value=" 开始 "/>
    <input type="button" value=" 暂停 "/>
</body>
</html>
```

13.4 定时器

浏览器预览效果如图 13-28 所示。

分析:

当我们点击"开始"按钮,2 秒后就会弹出对话框。如果在 2 秒内再点击"暂停"按钮,就不会弹出对话框。

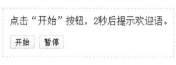

图 13-28

这里定义了一个变量 timer 用于保存 setTimeout 这个定时器,以便使用 clear Timeout (timer) 来暂停。

13.4.2 setInterval()和clearInterval()

在 JavaScript 中,我们可以使用 setInterval() 方法来重复地调用函数,并且可以使用 clearInterval 来取消执行 setInterval()。

语法:

```
setInterval(code, time);
```

说明:

参数 code 可以是一段代码,可以是一个函数,还可以是一个函数名。

参数 time 是时间,单位为 ms,表示要过多长时间才执行 code 中的代码。

此外,setInterval() 跟 setTimeout() 语法是一样的,唯一不同的是:**setTimeout 只执行一次,而 setInterval() 可以重复执行无数次**。对于 setInterval() 来说,下面三种方式都是正确的,这个跟 setTimeout() 一样。

```
setInterval(function(){…}, 2000)
setInterval(alertMes, 2000)
setInterval("alertMes()", 2000)
```

一般情况下,我们只需要掌握前面两种就行。

举例:倒计时效果

```
<!DOCTYPE html>
<html xmlns="http://www.w3.org/1999/xhtml">
<head>
    <title></title>
    <script>
        // 定义全局变量,用于记录秒数
        var n = 5;
        window.onload = function ()
        {
            // 设置定时器,重复执行函数 countDown
            var t = setInterval(countDown, 1000);
        }
        // 定义函数
        function countDown()
```

```
            {
                // 判断 n 是否大于 0，因为倒计时不可能有负数
                if (n > 0) {
                    n--;
                    document.getElementById("num").innerHTML = n;
                }
            }
        </script>
    </head>
    <body>
        <p>倒计时:<span id="num">5</span></p>
    </body>
</html>
```

浏览器预览效果如图 13-29 所示。

图13-29

分析：

如果这里使用 setTimeout() 来代替 setInterval()，就没办法实现倒计时效果了。因为 setTimeout() 只会执行一次，而 setInterval() 会重复执行。

举例：

```
<!DOCTYPE html>
<html xmlns="http://www.w3.org/1999/xhtml">
<head>
    <title></title>
    <style type="text/css">
        div{width:100px;height:100px;border:1px solid silver;}
    </style>
    <script>
        window.onload = function ()
        {
            // 获取元素
            var oBtn = document.getElementsByTagName("input");
            var oDiv = document.getElementsByTagName("div")[0];
            
            // 定义一个数组 colors，存放 6 种颜色
```

```javascript
        var colors = ["red", "orange", "yellow", "green", "blue", "purple"];
        //timer用于定时器
        var timer = null;
    //i用于计数
    var i = 0;

        //"开始"按钮
        oBtn[0].onclick = function ()
        {
            //每隔1秒切换一次背景颜色
            timer = setInterval(function () {
                oDiv.style.backgroundColor = colors[i];
                i++;
                i = i % colors.length;
            }, 1000);
        };

        //"暂停"按钮
        oBtn[1].onclick = function ()
        {
            clearInterval(timer);
        };
    }
    </script>
</head>
<body>
    <input type="button" value=" 开始 "/>
    <input type="button" value=" 暂停 "/>
    <div></div>
</body>
</html>
```

浏览器预览效果如图13-30所示。

分析：

当我们点击"开始"按钮后，div元素每隔一秒就会切换一次背景颜色。当我们点击"暂停"按钮，就会停止。i = i % colors.length；使i可以不断循环"1, 2, …, 5"，这是一个非常棒的技巧，特别是在图片轮播开发中非常有用。

图13-30

当我们快速不断地点击"开始"按钮，神奇的一幕发生了：背景颜色切换的速度加快了。然后点击"暂停"按钮，却发现根本停不下来。那这是什么原因导致的呢？

其实每一次点击，都会新开一个setInterval()，当你不断点击按钮，setInterval()就会累加起来。也就是说，当你点击3次按钮时，其实已经开了三个setInterval()，此时如果你想要停下来,就必须点击3次"暂停"按钮。**为了避免这个累加的bug,我们在每次点击"开始"按钮的一开始就要清除一次定时器**,改进后的代码如下。

举例:

```html
<!DOCTYPE html>
<html xmlns="http://www.w3.org/1999/xhtml">
<head>
    <title></title>
    <style type="text/css">
        div{width:100px;height:100px;border:1px solid silver;}
    </style>
    <script>
        window.onload = function ()
        {
            // 获取元素
            var oBtn = document.getElementsByTagName("input");
            var oDiv = document.getElementsByTagName("div")[0];
            // 定义一个数组colors,存放6种颜色
            var colors = ["red", "orange", "yellow", "green", "blue", "purple"];
            //timer用于存放定时器
            var timer = null;
            //i用于计数
            var i = 0;

            // "开始"按钮
            oBtn[0].onclick = function ()
            {
                // 每次点击"开始"按钮,一开始就清除一次定时器
                clearInterval(timer);
                // 每隔1秒切换一次背景颜色
                timer = setInterval(function () {
                    oDiv.style.backgroundColor = colors[i];
                    i++;
                    i = i % colors.length;
                }, 1000);
            };
            // "暂停"按钮
            oBtn[1].onclick = function ()
            {
                clearInterval(timer);
            };
        }
    </script>
</head>
<body>
    <input type="button" value=" 开始 "/>
```

```
            <input type="button" value=" 暂停 "/>
            <div></div>
    </body>
</html>
```

浏览器预览效果如图 13-31 所示。

分析：

此时即使我们快速不断地点击"开始"按钮，也不会出现定时器累加的 bug 了。**定时器在实际开发中大量用到，小伙伴们要重点掌握。**

图13-31

13.5　location对象

在 JavaScript 中，我们可以使用 window 对象下的 location 子对象来操作当前窗口的 URL。所谓 URL，指的就是页面地址。对于 location 对象，我们只需要掌握以下三个属性（其他不用管），如表 13-4 所示。

表 13-4　　　　　　　　　　location 对象的属性

属性	说明
href	当前页面地址
search	当前页面地址"？"后面的内容
hash	当前页面地址"#"后面的内容

13.5.1　window.location.href

在 JavaScript 中，我们可以使用 location 对象的 href 属性来获取或设置当前页面的地址。

语法：

```
window.location.href
```

说明：

window.location.href 可以直接简写为 location.href，不过我们一般都习惯加上 window 前缀。

举例：

```
<!DOCTYPE html>
<html xmlns="http://www.w3.org/1999/xhtml">
<head>
    <title></title>
    <script>
        var url = window.location.href;
```

```
            document.write("当前页面地址是:" + url);
        </script>
    </head>
    <body>
    </body>
</html>
```

浏览器预览效果如图 13-22 所示。

图13-32

举例:

```
<!DOCTYPE html>
<html xmlns="http://www.w3.org/1999/xhtml">
<head>
    <title></title>
    <script>
        setTimeout(function () {
            window.location.href = "http://www.lvyestudy.com";
        }, 2000);
    </script>
</head>
<body>
    <p>2 秒后跳转 </p>
</body>
</html>
```

浏览器预览效果如图 13-33 所示。

图13-33

13.5.2 window.location.search

在 JavaScript 中，我们可以使用 location 对象的 search 属性来获取和设置当前页面地址"？"后面的内容。

语法：

```
window.location.search
```

举例：

```
<!DOCTYPE html>
<html xmlns="http://www.w3.org/1999/xhtml">
<head>
    <title></title>
    <script>
        document.write(window.location.search);
    </script>
</head>
<body>
</body>
</html>
```

浏览器预览效果如图 13-34 所示。

分析：

此时页面是空白的，我们在浏览器地址后面多加上"?id=1"（要自己手动输入），再刷新页面，就会出现结果了，效果如图 13-35 所示。

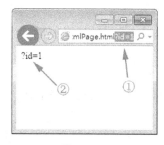

图13-34   图13-35

地址"？"后面这些内容，也叫做"querystring"（查询字符串），一般用于数据库查询用的，而且是大量用到。如果你还没有接触过后端技术，这里了解一下即可，暂时不需要深入。

13.5.3 window.location.hash

在 JavaScript 中，我们可以使用 location 对象的 hash 属性来获取和设置当前页面地址"#"后面的内容。# 一般用于锚点链接，这个相信大家不少见了。

举例：

```
<!DOCTYPE html>
<html xmlns="http://www.w3.org/1999/xhtml">
<head>
    <title></title>
    <script>
        document.write(window.location.hash);
    </script>
</head>
<body>
</body>
</html>
```

浏览器预览效果如图 13-36 所示。

分析：

此时页面是空白的，我们在浏览器地址后面多加上"#imgId"（要自己手动输入），再刷新页面，就会出现结果了，效果如下图 13-37 所示。

图13-36

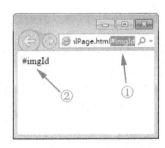
图13-37

在实际开发中，window.location.href 用得还是比较少，我们了解一下就可以了。

13.6　navigator对象

在 JavaScript 中，我们可以使用 window 对象下的子对象 navigator 来获取浏览器的类型

语法：

```
window.navigator.userAgent
```

举例：

```
<!DOCTYPE html>
<html xmlns="http://www.w3.org/1999/xhtml">
<head>
    <title></title>
    <script>
```

```
            alert(window.navigator.userAgent);
        </script>
    </head>
    <body>
    </body>
</html>
```

在IE、chrome、Firefox这三个浏览器预览效果分别如图13-38、图13-39和图13-40所示。

图13-38

图13-39

图13-40

分析：

不同浏览器，会弹出相应的版本号信息。不过这三种浏览器都含有独一无二的字符，如IE含有"MSIE"，Chrome含有"Chrome"，而Firefox含有"Firefox"。根据这个特点，我们可以判断当前浏览器是什么类型的浏览器。

举例：判断浏览器类型

```
<!DOCTYPE html>
<html xmlns="http://www.w3.org/1999/xhtml">
<head>
    <title></title>
    <script>
        if (window.navigator.userAgent.indexOf("MSIE") != -1) {
            alert("这是 IE");
        }else if (window.navigator.userAgent.indexOf("Chrome") != -1) {
            alert("这是 Chrome");
        }else if (window.navigator.userAgent.indexOf("Firefox") != -1) {
            alert("这是 Firefox");
        }
    </script>
</head>
```

```
<body>
</body>
</html>
```

浏览器预览效果如图 13-41 所示。

分析：

indexOf() 用于找出"某个字符串"在字符串中首次出现的位置，如果找不到就返回 -1。indexOf() 方法非常重要，我们在字符串那一章已经详细介绍过了。

判断浏览器类型也是经常用到的，特别是在处理不同浏览器兼容性上，我们就需要根据浏览器的类型来加载对应的 JavaScript 处理代码。不过现在浏览器更新迭代非常快，很多时候我们已经不再需要考虑浏览器之间的兼容性了。

图13-41

第14章 document对象

14.1 document对象简介

从上一章我们知道，document 对象其实是 window 对象下的一个子对象，它操作的是 HTML 文档里所有的内容。事实上，浏览器每次打开一个窗口，就会为这个窗口生成一个 window 对象，并且会为这个窗口内部的页面（即 HTML 文档）自动生成一个 document 对象，然后我们就可以通过 document 对象来操作页面中所有的元素了。

window 对象是浏览器为每个窗口创建的一个对象。通过 window 对象，我们可以操作窗口（如打开窗口、关闭窗口、浏览器版本等），这些统称为"BOM"（浏览器对象模型）。

document 对象是浏览器为每个窗口内的 HTML 页面创建的一个对象。通过 document 对象，我们可以操作页面的元素，这些操作统称为"DOM"（文档对象模型）。

由于 window 对象是包括 document 对象的，所以我们可以"简单"地把 BOM 和 DOM 的关系理解成：**BOM 包含 DOM**。只不过对于文档操作来说，我们一般不把它看成是 BOM 的一部分，而是看成独立的，也就是 DOM。

其实，在前面的章节中，我们就已经在大量使用 document 对象的属性和方法了，如 document.write()、document.getElementById()、document.body 等。这一章我们来系统学习一下 document 对象。

14.2 document对象属性

document 对象的属性非常多，表 14-1 只列出比较常用的属性（其他没列出的不用管）。

表 14-1　　　　　　　　　　document 对象常用的属性

属性	说明
document.title	获取文档的 title
document.body	获取文档的 body
document.forms	获取所有 form 元素
document.images	获取所有 img 元素
document.links	获取所有 a 元素
document.cookie	文档的 cookie
document.URL	当前文档的 URL
document.referrer	返回使浏览者到达当前文档的 URL

在表 14-1 中，有以下三点需要说明。
- document.title 和 document.body 这两个我们在 9.4 节已经介绍过了，这里不再赘述。
- document.forms、document.images、document.links 这三个属性分别等价于下面三个属性，所以我们一般用 document.getElementsByTagName 来获取就行了，不需要去记忆它们。

```
document.getElementsByTagName("form")
document.getElementsByTagName("img")
document.getElementsByTagName("a")
```

- cookie 一般在结合后端技术的操作中用得比较多，单纯在前端用得还是比较少，我们可以直接忽略 document.cookie。

下面我们来介绍一下 document.URL 和 document.referrer 这两个。

14.2.1　document.URL

在 JavaScript 中，我们可以使用 document 对象的 URL 属性来获取当前页面的地址。
语法：

```
document.URL
```

举例：

```
<!DOCTYPE html>
```

```
<html xmlns="http://www.w3.org/1999/xhtml">
<head>
    <title></title>
    <script>
        var url = document.URL;
        document.write("当前页面地址是:" + url);
    </script>
</head>
<body>
</body>
</html>
```

浏览器预览效果如图 14-1 所示。

图14-1

分析：

document.URL 和 window.location.href 这两个都可以获取当前页面的 URL，不过它们也有区别：document.URL 只能获取不能设置，window.location.href 既可以获取也可以设置。

14.2.2 document.referrer

在 JavaScript 中，我们可以使用 document 对象的 referrer 属性来获取用户在访问当前页面之前所在页面的地址。例如，我从页面 A 的某个链接进入页面 B，如果在页面 B 中使用 document.referrer 就可以获取到页面 A 的地址。

document.referrer 非常酷，因为我们可以用它来统计用户都是通过什么方式来访问你的网站的。

我们可以建立两个页面，然后在第一个页面设置一个超链接指向第二个页面。当我们从第一个页面超链接进入第二个页面时，在第二个页面使用 document.referrer 就可以获取到第一个页面的地址了。小伙伴们自行在本地编辑器测试一下这个效果。

14.3 document对象方法

document 对象的方法也非常多，表 14-2 中只列出比较常用的方法（其他没列出的不用管）。

表 14-2　　　　　　　　　document 对象常用的方法

方法	说明
document.getElementById()	通过 id 获取元素
document.getElementsByTagName()	通过标签名获取元素
document.getElementsByClassName()	通过 class 获取元素
document.getElementsByName()	通过 name 获取元素
document.querySelector()	通过选择器获取元素，只获取第一个
document.querySelectorAll()	通过选择器获取元素，获取所有
document.createElement()	创建元素节点
document.createTextNode()	创建文本节点
document.write()	输出内容
document.writeln()	输出内容并换行

表 14-2 中，大多数方法我们在前面的章节已经学习过了，这里我们顺便复习一下。

下面我们来重点介绍一下 document.write() 和 writeln() 这两个方法。在 JavaScript 中，如果想要往页面输出内容，可以使用 document 对象的 write() 和 writeln() 这两个方法。

14.3.1　document.write()

在 JavaScript 中，我们可以使用 document.write() 输出内容。这个方法我们已经接触得够多了，这里不再赘述。

语法：

```
document.write(" 内容 ")
```

举例：

```
<!DOCTYPE html>
<html xmlns="http://www.w3.org/1999/xhtml">
<head>
    <title></title>
    <script>
        document.write('<div style="color:hotpink;">绿叶学习网</div>');
    </script>
</head>
<body>
</body>
</html>
```

浏览器预览效果如图 14-2 所示。

分析：

document.write() 不仅可以输出文本，还可以输出标签。此外，document.write() 都

是往 body 标签内输出内容的。对于上面这个例子，我们打开浏览器控制台（按 F12 键）可以看出来，如图 14-3 所示。

图14-2　　　　　　　　　　　　　　　图14-3

14.3.2　document.writeln()

writeln() 方法跟 write() 方法相似，唯一区别是：**writeln() 方法会在输出内容后面多加上一个换行符 "\n"**。

一般情况下，这两种方法在输出效果上是没有区别的，只有在查看源码才看得出来区别，除非把内容输出到 pre 标签内。

语法：

```
document.writeln("")
```

说明：

writeln 是 "write line" 的缩写，大家不要把 "l" 写成 "I"。很多初学者容易犯这个错误。

举例：

```
<!DOCTYPE html>
<html xmlns="http://www.w3.org/1999/xhtml">
<head>
    <title></title>
    <script>
        document.writeln("绿叶学习网")
        document.writeln("HTML")
        document.writeln("CSS")
        document.writeln("JavaScript")
    </script>
</head>
<body>
</body>
</html>
```

浏览器预览效果如图 14-4 所示。

分析：

我们把 writeln() 换成 write()，此时浏览器预览效果如图 14-5 所示。

图14-4

图14-5

可以看出，writeln() 方法输出的内容之间有一点空隙，而 write() 方法没有。

```
document.writeln("绿叶学习网");
document.writeln("HTML");
document.writeln("CSS");
document.writeln("JavaScript");
```

上述代码其实等价于以下代码：

```
document.write("绿叶学习网 \n");
document.write("HTML\n");
document.write("CSS\n");
document.write("JavaScript\n")
```

但是当我们把 writeln() 方法输出的内容放进 <pre></pre> 标签内，那效果就不一样了。

举例：

```
<!DOCTYPE html>
<html xmlns="http://www.w3.org/1999/xhtml">
<head>
    <title></title>
    <script>
        document.writeln("<pre>绿叶学习网")
        document.writeln("HTML")
        document.writeln("CSS")
        document.writeln("JavaScript</pre>");
    </script>
</head>
<body>
</body>
</html>
```

浏览器预览效果如图 14-6 所示。

```
绿叶学习网
HTML
CSS
JavaScript
```

图14-6

分析:

writeln()方法在实际开发中用得不多,我们简单了解一下就可以了。

欢迎来到异步社区！

异步社区的来历

异步社区（www.epubit.com.cn）是人民邮电出版社旗下 IT 专业图书旗舰社区，于 2015 年 8 月上线运营。

异步社区依托于人民邮电出版社 20 余年的 IT 专业优质出版资源和编辑策划团队，打造传统出版与电子出版和自出版结合、纸质书与电子书结合、传统印刷与 POD 按需印刷结合的出版平台，提供最新技术资讯，为作者和读者打造交流互动的平台。

社区里都有什么？

购买图书

我们出版的图书涵盖主流 IT 技术，在编程语言、Web 技术、数据科学等领域有众多经典畅销图书。社区现已上线图书 1000 余种，电子书 400 多种，部分新书实现纸书、电子书同步出版。我们还会定期发布新书书讯。

下载资源

社区内提供随书附赠的资源，如书中的案例或程序源代码。

另外，社区还提供了大量的免费电子书，只要注册成为社区用户就可以免费下载。

写作译者互动

很多图书的作译者已经入驻社区，您可以关注他们、咨询技术问题；可以阅读不断更新的技术文章，听作译者和编辑畅聊好书背后有趣的故事；还可以参与社区的作者访谈栏目，向您关注的作者提出采访题目。

灵活优惠的购书

您可以方便地下单购买纸质图书或电子图书，纸质图书直接从人民邮电出版社书库发货，电子书提供多种阅读格式。

对于重磅新书，社区提供预售和新书首发服务，用户可以第一时间买到心仪的新书。

用户账户中的积分可以用于购书优惠。100 积分 =1 元，购买图书时，在 里填入可使用的积分数值，即可扣减相应金额。

特别优惠

购买本书的读者专享异步社区购书优惠券。

使用方法：注册成为社区用户，在下单购书时输入 S4XC5 使用优惠码，然后点击"使用优惠码"，即可在原折扣基础上享受全单9折优惠。（订单满39元即可使用，本优惠券只可使用一次）

纸电图书组合购买

社区独家提供纸质图书和电子书组合购买方式，价格优惠，一次购买，多种阅读选择。

社区里还可以做什么？

提交勘误

您可以在图书页面下方提交勘误，每条勘误被确认后可以获得100积分。热心勘误的读者还有机会参与书稿的审校和翻译工作。

写作

社区提供基于 Markdown 的写作环境，喜欢写作的您可以在此一试身手，在社区里分享您的技术心得和读书体会，更可以体验自出版的乐趣，轻松实现出版的梦想。

如果成为社区认证作译者，还可以享受异步社区提供的作者专享特色服务。

会议活动早知道

您可以掌握 IT 圈的技术会议资讯，更有机会免费获赠大会门票。

加入异步

扫描任意二维码都能找到我们：

| 异步社区 | 微信服务号 | 微信订阅号 | 官方微博 | QQ 群：436746675 |

社区网址：www.epubit.com.cn

投稿 & 咨询：contact@epubit.com.cn